中国重要农业文化遗产系列读本

闵庆文 邵建成 ◎丛书主编

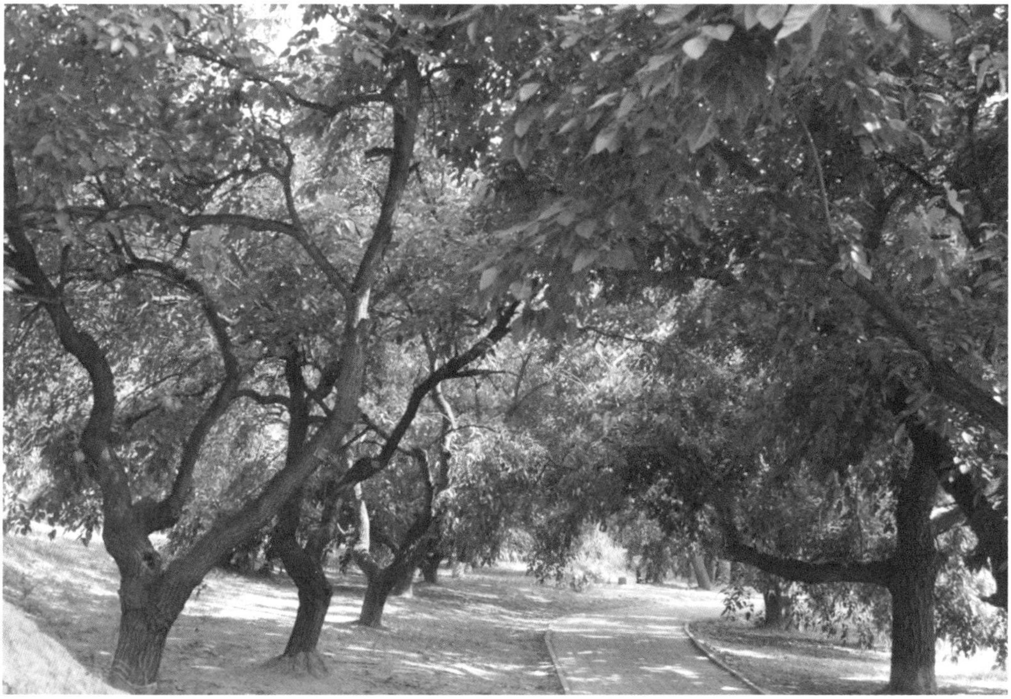

YUNNAN SHUANGJIANG MENGKU GUCHAYUAN YU CHAWENHUA XITONG

云南双江勐库古茶园与茶文化系统

袁 正 闵庆文 李莉娜 主编

中国农业出版社
农村读物出版社
北 京

图书在版编目（CIP）数据

云南双江勐库古茶园与茶文化系统/袁正，闵庆文，李莉娜主编．－北京：中国农业出版社，2017.8（2021.4重印）
（中国重要农业文化遗产系列读本/闵庆文，邵建成主编）
ISBN 978-7-109-22774-3

Ⅰ．①云…　Ⅱ．①袁…　②闵…　③李…　Ⅲ．①茶园－管理－研究－双江拉祜族佤族布朗族傣族自治县　②茶文化－研究－双江拉祜族佤族布朗族傣族自治县　Ⅳ．①S571.1
②TS971.21

中国版本图书馆CIP数据核字（2017）第039623号

中国农业出版社出版
（北京市朝阳区麦子店街18号楼）
（邮政编码　100125）
责任编辑　程燕　李梅

北京中科印刷有限公司印刷　新华书店北京发行所发行
2017年8月第1版　2021年4月北京第2次印刷

开本：710mm×1000mm　1/16　印张：12.5
字数：240千字
定价：69.00元
（凡本版图书出现印刷、装订错误，请向出版社发行部调换）

编写委员会

丛书主编：闵庆文　邵建成

主　　　编：袁　正　闵庆文　李莉娜

副 主 编：杨丽韫　杨　波　康怀勇　马　楠

参 编 人 员（按姓名笔画排序）：

史媛媛　徐　萍　吴永强　杨　炯

李卫平　罗成华　肖兴龙　熊　利

杨庆春　王学云　唐晓群　刀　勇

杨晓安

丛 书 策 划：宋　毅　刘博浩　张丽四

序言一

我国是历史悠久的文明古国，也是幅员辽阔的农业大国。长期以来，我国劳动人民在农业实践中积累了认识自然、改造自然的丰富经验，并形成了自己的农业文化。农业文化是中华五千年文明发展的物质基础和文化基础，是中华优秀传统文化的重要组成部分，是构建中华民族精神家园、凝聚炎黄子孙团结奋进的重要文化源泉。

党的十八大提出，要"建设优秀传统文化传承体系，弘扬中华优秀传统文化"。习近平总书记强调指出，"中华优秀传统文化已经成为中华民族的基因，植根在中国人内心，潜移默化影响着中国人的思想方式和行为方式。今天，我们提倡和弘扬社会主义核心价值观，必须从中汲取丰富营养，否则就不会有生命力和影响力。"云南哈尼族稻作梯田、江苏兴化垛田、浙江青田稻鱼共生系统，无不折射出古代劳动人民吃苦耐劳的精神，这是中华民族的智慧结晶，是我们应当珍视和发扬光大的文化瑰宝。现在，我们提倡生态农业、低碳农业、循环农业，都可以从农业文化遗产中吸收营养，也需要从经历了几千年自然与社会考验的传统农业中汲取经验。实践证明，做好重要农业文化遗产的发掘保护和传承利用，对于促进农业可持续发展、带动遗产地农民就业增收、传承农耕文明，都具有十分重要的作用。

中国政府高度重视重要农业文化遗产保护，是最早响应并积极支持联合国粮农组织全球重要农业文化遗产保护的国家之一。经过十几年工作实践，我国已经初步形成〝政府主导、多方参与、分级管理、利益共享〞的农业文化遗产保护管理机制，有力地促进了农业文化遗产的挖掘和保护。2005年以来，已有11个遗产地列入〝全球重要农业文化遗产名录〞，数量名列世界各国之首。中国是第一个开展国家级农业文化遗产认定的国家，是第一个制定农业文化遗产保护管理办法的国家，也是第一个开展全国性农业文化遗产普查的国家。2012年以来，农业部分三批发布了62项〝中国重要农业文化遗产〞，2016年发布了28项全球重要农业文化遗产预备名单。2015年颁布了《重要农业文化遗产管理办法》，2016年初步普查确定了具有潜在保护价值的传统农业生产系统408项。同时，中国对联合国粮农组织全球重要农业文化遗产保护项目给予积极支持，利用南南合作信托基金连续举办国际培训班，通过APEC、G20等平台及其他双边和多边国际合作，积极推动国际农业文化遗产保护，对世界农业文化遗产保护做出了重要贡献。

当前，我国正处在全面建成小康社会的决定性阶段，正在为实现中华民族伟大复兴的中国梦而努力奋斗。推进农业供给侧结构性改革，加快农业现代化建设，实现农村全面小康，既要借鉴世界先进生产技术和经验，更要继承我国璀璨的农耕文明，弘扬优秀农业文化，学习前人智慧，汲取历史营养，坚持走中国特色农业现代化道路。《中国重要农业文化遗产系列读本》从历史、科学和现实三个维度，对中国农业文化遗产的产生、发展、演变以及农业文化遗产保护的成功经验和做法进行了系统梳理和总结，是对农业文化遗产保护宣传推介的有益尝试，也是我国农业文化遗产保护工作的重要成果。

我相信，这套丛书的出版一定会对今天的农业实践提供指导和借鉴，必将进一步提高全社会保护农业文化遗产的意识，对传承好弘扬好中华优秀文化发挥重要作用！

农业部部长

2017年6月

自有人类历史文明以来，勤劳的中国人民运用自己的聪明智慧，与自然共融共存，依山而住、傍水而居，经过一代代努力和积累，创造出了悠久而灿烂的中华农耕文明，成为中华传统文化的重要基础和组成部分，并曾引领世界农业文明数千年，其中所蕴含的丰富的生态哲学思想和生态农业理念，至今对于国际可持续农业的发展依然具有重要的指导意义和参考价值。

针对工业化农业所造成的农业生物多样性丧失、农业生态系统功能退化、农业生态环境质量下降、农业可持续发展能力减弱、农业文化传承受阻等问题，联合国粮农组织（FAO）于2002年在全球环境基金（GEF）等国际组织和有关国家政府的支持下，发起了"全球重要农业文化遗产（GIAHS）"项目，以发掘、保护、利用、传承世界范围内具有重要意义的，包括农业物种资源与生物多样性、传统知识和技术、农业生态与文化景观、农业可持续发展模式等在内的传统农业系统。

全球重要农业文化遗产的概念和理念甫一提出，就得到了国际社会的广泛响应和支持。截至2014年年底，已有13个国家的31项传统农业系统被列入GIAHS

保护名录。经过努力，在2015年6月结束的联合国粮农组织大会上，已明确将GIAHS工作作为一项重要工作，纳入常规预算支持。

中国是最早响应并积极支持该项工作的国家之一，并在全球重要农业文化遗产申报与保护、中国重要农业文化遗产发掘与保护、推进重要农业文化遗产领域的国际合作、促进遗产地居民和全社会农业文化遗产保护意识的提高、促进遗产地经济社会可持续发展和传统文化传承、人才培养与能力建设、农业文化遗产价值评估和动态保护机制与途径探索等方面取得了令世人瞩目的成绩，成为全球农业文化遗产保护的榜样，成为理论和实践高度融合的新的学科生长点、农业国际合作的特色工作、美丽乡村建设和农村生态文明建设的重要抓手。自2005年"浙江青田稻鱼共生系统"被列为首批"全球重要农业文化遗产系统"以来的10年间，我国已拥有11个全球重要农业文化遗产，居于世界各国之首；2012年开展中国重要农业文化遗产发掘与保护，2013年和2014年共有39个项目得到认定，成为最早开展国家级农业文化遗产发掘与保护的国家；重要农业文化遗产管理的体制与机制趋于完善，并初步建立了"保护优先、合理利用，整体保护、协调发展，动态保护、功能拓展，多方参与、惠益共享"的保护方针和"政府主导、分级管理、多方参与"的管理机制；从历史文化、系统功能、动态保护、发展战略等方面开展了多学科综合研究，初步形成了一支包括农业历史、农业生态、农业经济、农业政策、农业旅游、乡村发展、农业民俗以及民族学与人类学等领域专家在内的研究队伍；通过技术指导、示范带动等多种途径，有效保护了遗产地农业生物多样性与传统文化，促进了农业与农村的可持续发展，提高了农户的文化自觉性和自豪感，改善了农村生态环境，带动了休闲农业与乡村旅游的发展，提高了农民收入与农村经济发展水平，产生了良好的生态效益、社会效益和经济效益。

习近平总书记指出，农耕文化是我国农业的宝贵财富，是中华文化的重要组成部分，不仅不能丢，而且要不断发扬光大。农村是我国传统文明的发源地，乡土文化的根不能断，农村不能成为荒芜的农村、留守的农村、记忆中的故园。这是对我国农业文化遗产重要性的高度概括，也为我国农业文化遗产的保护与发展指明了方向。

　　尽管中国在农业文化遗产保护与发展上已处于世界领先地位，但比较而言仍然属于"新生事物"，仍有很多人对农业文化遗产的价值和保护重要性缺乏认识，加强科普宣传仍然有很长的路要走。在农业部农产品加工局（乡镇企业局）的支持下，中国农业出版社组织、闵庆文研究员担任丛书主编的这套"中国重要农业文化遗产系列读本"，无疑是农业文化遗产保护宣传方面的一个有益尝试。每本书均由参与遗产申报的科研人员和地方管理人员共同完成，力图以朴实的语言、图文并茂的形式，全面介绍各农业文化遗产的系统特征与价值、传统知识与技术、生态文化与景观以及保护与发展等内容，并附以地方旅游景点、特色饮食、天气条件。可以说，这套书既是读者了解我国农业文化遗产宝贵财富的参考书，同时又是一套农业文化遗产地旅游的导游书。

　　我十分乐意向大家推荐这套丛书，也期望通过这套书的出版发行，使更多的人关注和参与到农业文化遗产的保护工作中来，为我国农业文化的传承与弘扬、农业的可持续发展、美丽乡村的建设做出贡献。

　　是为序。

中国工程院院士

联合国粮农组织全球重要农业文化遗产指导委员会主席

农业部全球/中国重要农业文化遗产专家委员会主任委员

中国农学会农业文化遗产分会主任委员

中国科学院地理科学与资源研究所自然与文化遗产研究中心主任

2015年6月30日

　　双江拉祜族佤族布朗族傣族自治县地处云南省南部，因澜沧江和小黑江交汇于县境东南而得名。双江是中国多元民族文化之乡，是全国唯一由拉祜族、佤族、布朗族、傣族4个主体民族组成的多民族自治县，是布朗族的主要聚居地和文化发祥地之一。境内有23个少数民族，少数民族人口占比45%，多元民族文化同生共荣。双江是北回归线上的绿色明珠，北回归线横穿双江县城，双江正处于茶树进化与驯化起源的中心区。双江属典型的南亚热带暖湿季风气候，适宜的气候温养了双江茶园，造就了12万亩*优质普洱茶的生产基地。勐库大雪山的1.27万亩古茶树群，是目前世界上已发现的面积最广、海拔最高、密度最大的古茶树群落；原生于双江的勐库大叶种茶，于20世纪60年代、80年代两次被全国茶树良种委员会评定为中国传统茶树良种。生活在双江的众多少数民族在与茶树长久的共生共存中，生成了对茶的深刻情感与依恋，并表现为多姿多彩的民族文化。

　　宝贵的自然资源，壮观的森林景观，智慧天成的知识技术与丰富的民族文化共同构成了一个复杂而自成体系的传统农业文化系统，是我们宝贵的遗产。2015年，农业部将这片历史悠久的古茶园与茶文化系统认定为

---

* 注：亩为非法定计量单位，1亩 ≈ 667平方米——编者注

第三批中国重要农业文化遗产，命名为"双江勐库古茶园与茶文化系统"，并从此开启了双江古茶园被作为遗产保护的新开端。自此以后，中国科学院地理科学与资源研究所、双江自治县人民政府与各界关心双江发展的人士一起，围绕古茶园与茶文化保护与发展开展了大量的研究与实践。

本书是在农业文化遗产申报文本和有关研究的基础上，从农业文化遗产的视角，细致描述了双江勐库古茶园与茶文化系统，试图展现这一古老农业系统所拥有的魅力及其在新时代中的独特价值与风貌。全书共分为八部分："引言"重要介绍了双江勐库古茶园与茶文化系统的概况；"自然天成 山民选择"介绍了茶文化系统构成；"土司后院 茶农家园"从生产和生计的角度回顾了勐库大叶种与双江古茶园的历史；"生态屏障 斑斓王国"围绕茶园中多样性的生物资源和茶园的生态价值，阐述古茶园所带来的人类福祉；"人情之美 物意之阜"介绍了双江四个少数民族与茶共生所形成的文化；"历久传承 大巧若拙"介绍了与茶园管理相关的技术、传统知识与规约；"变迁之痛 面茶而思"概述了双江勐库古茶园与茶文化系统保护与发展中面临的问题、机遇与发展前景等；附录简要介绍了遗产地旅游资讯，梳理了双江勐库古茶园与茶文化系统的历史演变，以及全球重要农业文化遗产和中国重要农业文化遗产的名单，以便于读者了解相关信息。

本书是中国农业出版社生活文教分社策划出版的"农业文化遗产系列读本"之一，旨在为广大读者打开一扇了解双江古茶园与茶文化系统这一重要农业文化遗产的窗口，提高全社会对农业文化遗产及其价值的认识和保护意识。本书是编写者集体智慧的结晶。全书框架设计和统稿由袁正、闵庆文完成。本书编委会成员共同收集基础素材并分工负责各部分编撰工作。本书编写过程中，得到了李文华院士的指导和双江自治县人民政府及有关部门的大力支持，在此，一并表示感谢。

由于水平有限，加之时间仓促，难免存在不当甚至谬误之处，敬请读者批评指正。

编者

2016年9月5日

澜沧江，一条神秘而充满诱惑的河流，在汹涌划开无量山与怒山山系之后趋于平缓，与北回归线相交于滇西南的丘陵盆地。这里，正是世界茶树起源的中心。以此地为中心向外辐射，一幅以大叶种古茶树为基底的墨绿色画卷，在古朴苍茫的西南大地延展开来。

在喜马拉雅造山运动（2 500万年前）之前，云南高原处于古特提斯洋北岸，气候温暖，是高等植物的起源地。而今，青藏高原东缘更是全球生物多样性的热点地区之一。这里出土的动植物化石是众多古老生物演化的直接证据，大量的古老生物物种生存其中，茶树就是其中之一。

普洱市景谷傣族彝族自治县是全球唯一的第三纪宽叶木兰（新种）和中花木兰化石出土地。而古木兰是山茶目、山茶科、茶属及茶种垂直演化的始祖，生长年代距今约有3 540万年。以宽叶木兰（新种）为代表的景谷植物化石群为我们探寻茶树起源标注了方向。喜马拉雅造山运动之后，山茶属茶组植物已经存在，并从高原沿东、南、西南扇形河流自然传播。向东沿金沙江传到中国东南沿海，变成中、小叶茶，向南、东南沿红河、李仙江、澜沧江、怒江、迈立开江、恩梅开江、雅鲁藏布江自然传播到中南半岛和南亚诸国，然后在茶叶农艺出现之后，又借助人力传到日本、俄罗斯、印度尼西亚、非洲、欧美等地，成为全球性经济作物。而那些至今仍矗立于横断山脉之中的古茶树群落则是扎根于这一植物起源地的古老生物遗存。

在澜沧江中下游地区，宽叶木兰化石和野生古茶树群落记录了茶树作为生物物种演化进程，而野生古茶树、过渡型古茶树与栽培型古茶树则展现了茶树作为农业物种为人类发现、利用、驯化和栽培的完整过程。

茶是中华农耕文明的代表符号之一，它与可可、咖啡一起并称当今世界三大无酒精饮料。中国人利用茶是以药物和食物起始。在中国最早的辞书《尔雅》中就有对于茶的释义：槚，苦荼；茶，苦菜（"槚、茶"都是早期见于典籍的茶的称谓）。东汉的《神农本草经》中亦载：神农尝百草，日遇七十二毒，得茶而解之。至少在三国时期之前，我国西南地区的居民就已将茶作为食物和药物食用。到唐朝时，茶已经是中国人喜爱的日常饮品和文化表征之一。

普洱茶文化是中国茶文化的重要组成部分，它不仅指茶树的重要品种，也指制成茶的一个特殊种类。澜沧江中下游地区是普洱茶的原产地与重要产区。千年以来，普洱茶农依赖当地优越的资源，实现了亲近自然的生产过程，生产了富有特色的农副产品，维持了舒适宜人的生态环境，发展了丰富多彩的民族文化。在这样的环境里，茶园不仅是茶农的生计之源，也是人类生存于自然之中的一种姿态。在有着悠久历史的古茶园中，人与自然这种和谐的关系被尊重、被向往、被代代传承。而普洱茶，也以其独特的制作、运输、贮存方式为人称道。它合天时、顺地利、达人和，诠释了中国茶文化所追求的清、和、自在。普洱茶具有悠久的历史，深厚的文化，优良的品质，是著名的历史名茶，也是中国茶的代表品牌之一。

双江自治县位于云南省西南部、临沧市南部，是澜沧江中下游著名的普洱茶产地之一。双江地处云贵高原西南部，横断山脉、怒山余脉南延部分的纵谷区，澜沧江、小黑江环绕县境东南，北回归线穿城而过。

双江地处澜沧江与北回归线交界处和太平洋与印度洋分水线的陆地延长线上，独特的地理位置与自然条件为茶树生长提供了得天独厚的自然条件。世居于此的各少数民族在这里栽培茶的历史至少有500年，造就了双江遍山的古茶园。

双江古茶园也佐证了澜沧江中下游地区是世界茶树原产地的事实。勐库大雪山野生茶树群落是目前国内外所发现的生长海拔最高、面积最广、密度最大、原生植被保存最为完整的野生古茶树群落。野生古茶树群落与栽培型古茶园共同构成了澜沧江中下游海拔跨度最大（1 050~2 750米）的茶树生长区域，并与周边地域一起构成了茶树的起源、演化、驯化、发现与利用的完整链条，进一步证明了云南西南部（即澜沧江中下游）是世界茶树的原产地。而双江地处北回归线与澜沧江交汇中心，既是世界茶树原产地中心地带，也是勐库大叶种茶的原产地。

双江的茶树种质资源十分珍贵。勐库野生古茶树群落是珍贵的茶树种质资源宝库，由于所处海拔高，茶树具有较强的抗逆性，尤其是抗寒性，是抗性育种和分子生物学研究的宝贵资源。勐库野生古茶树是一个在进化上比普洱茶种及若干栽培品种更为古老的野生茶树物种。

双江是优质传统茶种的原产地。双江自治县勐库镇是勐库大叶种茶的原产地。这一茶树品种是我国首批认定的三个国家级茶树良种之一，其内含物质较其他普洱茶种品种更为丰富，口感更浓、更醇，是我国整个普洱茶产区在普洱茶制作过程中用于提升茶产品品质的重要填充，被誉为勐库大叶种茶的"正宗""英豪"。

这里多元民族文化交融。双江是全国唯一一个4个少数民族共同自治的自治县。在这里，拉祜族、佤族、布朗族、傣族文化交融共生，不同的少数民族均依赖茶树维持生计，在茶树种植、茶园管理、制茶饮茶及其他与茶相关的文化特质上创造出丰富的表现形式，却又在世界观与自然观上共通共融。

双江古茶园与茶文化系统不仅生物多样性资源丰富，还体现了人与自然和谐共处、人与环境协同进化；在历史悠久的茶叶栽培和生产过程中，保障了各族人民的生计安全和生态安全；生产了高品质的茶叶，培育了勐库大叶种这一普洱茶传统良种，传承了优秀的传统文化与知识体系。2015年，这一古老而优秀的传统农业系统被农业部认定为第三批中国重要农业文化遗产。

一

自然天成 山民选择

云南双江勐库古茶园与茶文化系统

（一）
当澜沧江流过北回归线

澜沧江，这条被称为"永恒的诱惑"的神秘河流在中国西南从青藏高原奔流而下，划开横断山脉，于云南省西南撞破北回归线，之后江水趋于平缓。在这里，澜沧江两岸静立着两个美丽的城市：临沧与普洱。

双江自治县位于临沧市南部，北接临沧市临翔区，南邻沧源佤族自治县、澜沧拉祜族自治县，东南与普洱市景谷傣族彝族自治县隔江相望，西与耿马傣族佤族自治县相依。双江地处横断山脉、怒山余脉南延部分的纵谷区，位于印度洋和太平洋两洋分水线的陆地延长线上。全县面积2 157.11平方千米，山区面积2 075.14平方千米。因山脉切割的影响，形成两江环半壁，两江夹一河，一溪分两岭，一河带两坝的地貌特

双江县城全景（双江自治县农业局／提供）

征。县境内山谷相间，河溪纵横，高低落差悬殊，地势西北高而东南渐低，西北部的勐库邦马大雪山最高海拔3 233米，东南部为两江交汇的最低点，海拔670米，相对高差2 563米。澜沧江与小黑江环绕县境东南，成为双江与耿马、澜沧和景谷三县的界河。北回归线横穿双江自治县勐库镇，这里，便是勐库大叶种茶的故乡。

1. 太阳转身

回归线，是太阳每年在地球上直射来回移动的分界线，是太阳光在地球上能够直射到的最远位置，也是热带与温带的分界线。北回归线大约位于北纬23°26′。北回归线在中国的陆地上穿过台湾、广东、广西、云南，过境长度约2 000千米，其中，过境云南的线段最长，约700千米，占1/3。北回归线云南段横穿文山壮族苗族自治州（以下简称文山）、红河哈尼族彝族自治州（以下简称红河）、玉溪、普洱、临沧5个州（市）的16个县（市），从东到西穿过西畴、文山、蒙自、个旧、红河、墨江、景谷、双江、耿马9个县级以上行政区驻地。许多人都把北回归线称为"太阳转身的地方"，云南临沧以横穿双江县、耿马县交界的勐库大雪山北回归线为中央地标，正好处在"太阳转身的地方"。太阳是地球上万物生长的能量源泉。太阳光以电磁波的形式向地球输送着能量，即我们通常所说的太阳辐射。太阳辐射是调节气候冷暖的重要因素。太阳辐射到达地球表面的强度，随着太阳高度角的增大而加强。在北半球的夏季，北回归线以南的地方太阳高度角最大可达到90°，而以该地为中心向南北扩散，地面所获得的太阳辐射逐步减小。在北半球的冬季，太阳辐射的强度随纬度的增高而减小。太阳在地球表面"厚此薄彼"地分配辐射强度，将地球划分出了寒带、温带、热带等多个不同类型的气候带。太阳永无休止地在南北回归线间来回运动让地球众多地区产生了更替的四季。一般来说，北回归线和南回归线之间的地区为热带，这里太阳终年直射，获得的热量最多，为地理学意义上的热带。然而，由于临沧地处怒山山脉余脉纵谷区的高原与亚高原斜坡地带，高出海平面450～3 504米，8个县（区）平均海拔1 276米，兼具山地气候、低纬度气候、季风气候的特点，立体气候明显，因此，虽然临沧靠近地理学意义的热带，但它海拔高度的梯级递增作用抵消了纬度较低的影响，从而形成四季比较"温暖""舒适""凉爽"的地域小气候。而双江自治县的古茶园就位于这样的属低纬度高原南亚热带山地季风气候区，有南亚热带、中亚热带、北亚热带不同的气候类型。

双江自治县光热条件

　　双江自治县年平均气温20.1℃，最冷月平均气温12.3℃，最热月平均气温25℃，无霜期329天。太阳辐射总量568.43千焦/平方厘米，年平均日照时数2 622.9小时，日照百分率51％，≥10℃活动积温7 096.5℃。

2. 双江汇流

双江地属澜沧江水系流域范围，因澜沧江和小黑江两江交汇于县境东南而得名"双江"。境内有大小河支流106条，水资源总量丰富，且水质条件好，无工业污染，无人为污染。丰富而优质的水资源不仅为人类提供了充足的饮用水，也为茶树的生长提供了足量的水分，并调节着区域小气候。

双江水资源条件

水资源总量为20.353亿立方米，其中地表水占76.85%，地下水占23.15%。有中型水库2座，小Ⅰ型水库7座，小Ⅱ型水库10座，小坝塘13座，实际蓄水量约3 000万立方米。

清平水库（双江自治县农业局／提供）

澜沧江与小黑江环绕双江县东南。小黑江是澜沧江下游支流，古名辣蒜江，是双江、沧源、澜沧三县之界河。小黑江上游由耿马、沧源县境的挡坝河、南碧河、拉勐河汇集于勐省，勐省以下称小黑江，由西向东流至大勐峨山脚，同南勐河相汇转东南至双江渡入澜沧江。小黑江全长102千米，有大小支流25条，主要支流除南勐河外，还有勐太河、南掌河、岔河、麻勐河、邦丙河5条河。

小黑江风光（双江自治县农业局／提供）

南勐河风光（双江自治县农业局／提供）

小黑江主要支流

南勐河是双江自治县的主要河流，发源于临沧市临翔区南美乡南楞田分水岭，全长84.5千米，在临翔区境内称南美河，长16.3千米，径流面积97平方千米，双江自治县境内段长68.2千米，径流面积1 257.6平方千米，占全县总面积的58.22%。

勐太河发源于巴哈后山分水岭，由西向东流入小黑江。全长15千米，径流面积27.45平方千米，多年平均流量0.44立方米/秒。

南掌河发源于仙人房坡头，由东向西流入小黑江，深涧峡谷，多陡坡，水流急涌。全长11千米，径流面积32.18平方千米，多年平均流量0.61立方米/秒。

岔河发源于打磨梁子分水岭，由忙安河和忙今河汇流而成。由东向西流入小黑江。全长11千米，径流面积32.18平方千米，多年平均流量0.33立方米/秒。

麻勐河发源于小麻勐后山，由南向西流入小黑江。全长10千米，径流面积30.09平方千米，多年平均流量0.29立方米/秒。

邦丙河发源于大青山南侧，同忙应河、南直河于石棺材交汇而成后，由北向南流入小黑江。全长16千米，径流面积77.9平方千米，多年平均流量1.85立方米/秒，最小流量0.30立方米/秒。流域内人畜活动频繁，毁林垦殖，水土流失严重，时有发生泥石流。

3. 两洋分水

双江地处东经100°左右，坐落在横断山山系怒山山脉纵谷区的高原与亚高原斜坡地带。境内主要山峰属怒山系邦马山脉的主要分支，东为马鞍山，西为四排山。双江境内勐库大雪山海拔3 223米，正好以勐库大雪山为界面向"两洋"：分水岭东侧双江一方是面向澜沧江—湄公河流域，一江连六国（中国、缅甸、老挝、泰国、柬埔寨、越南），地表水流经澜沧江—湄公河流域注入太平洋；分水岭西侧耿马一方则面向怒江—萨尔温江流域，地表水流经怒江—萨尔温江流域从缅甸注入印度洋。"两洋"地理分水线形成了"滴水两江"地理分水线的重要坐标。

北回归线穿过双江勐库大雪山即穿越了太平洋与印度洋两大水系的

分水岭，从而形成"太阳转身"与"两洋分水"唯一十字路口。地处这一重要的经纬十字交叉路口，两大洋大气环流来回交汇错落，夏季有来自印度洋的西南季风，带来大量蒸气和云雨，减弱了太阳辐射，丰沛的降水也蒸发了不少热量，地面恒温，温度总是不高不低，起伏平稳，夏季清凉爽适。到了冬季，由于处于纬度较低的北回归线，有比较充分的太阳辐射，而且有来自亚洲大陆西南部的西南暖流，如同向临沧输送不收费的暖气，因此，在西南暖流影响下，在周边高原大山对北方袭来冷空气的重重阻隔下，形成多晴少雨、阳光充沛、气候温和的冬季。这一独特的地理位置造就了双江四季如春的宜人气候。

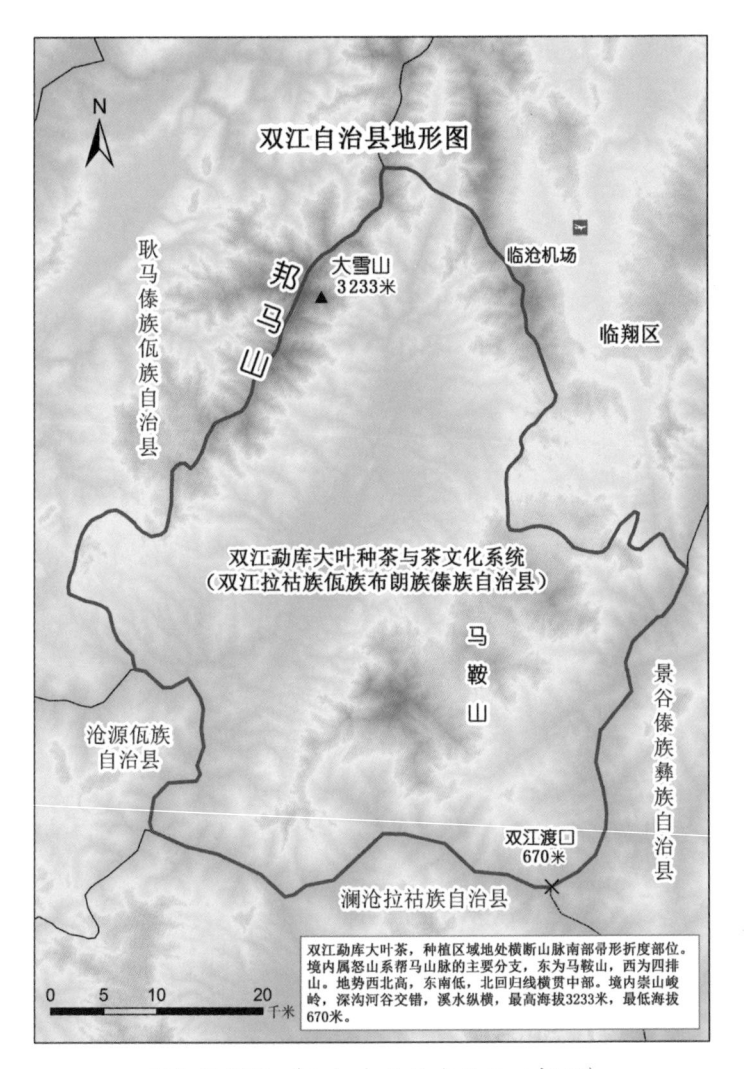

双江地形图（双江自治县农业局／提供）

双江降水条件

年降水量800~1 900毫米，雨季5~10月，雨季盛期6~8月，降水量占全年雨量84%。年平均相对湿度75%。双江光、热、水自然资源丰富，适宜勐库大叶种茶生长。

4. 四季如春

双江境内崇山峻岭，深沟河谷交错，植被茂盛，溪水纵横，烟雾缭绕，最高海拔3 233米，最低海拔670米，垂直高差2 563米，森林覆盖率65.5%。受印度洋暖湿气流、西南季风、太阳辐射、大气环流和下垫面因素的综合影响，境内有干湿季分明、立体气候明显、冬无严寒、夏无酷热、冬春干旱、年温差小、日温差大、雨热同季的气候特点。年平均降水量1 063毫米。

双江夏、冬短暂，春、秋季长，四季如春。1 600~1 800米的海拔高度上，如南榔村夏季只有两候，没有冬季；懂过村冬季只有两候，没有夏季，均可以说是四季如春。这样的气候对人畜十分适宜，对茶叶生产更是"得天独厚"。冬季温度不低，有利于茶树安全越冬，并为来年优质高产积累贮存较多的营养物质；春季温度偏高，则有利于叶芽早萌发，早开采，提高春茶产量、质量；夏季温度不太高，正保持了茶树生长最适宜的温度范围，即无高温热害，又能令茶树速生高产；秋季温度虽然下降，但随着雨季盛期已过，雨日减少，日照增多，湿度尚大，而出现了光、热、水、湿平衡的气候优势，故秋季的谷花茶可以和春茶媲美争妍。

县城远眺（双江自治县农业局／提供）

（二）

苍苍横断山 莽莽古茶树

喜马拉雅造山运动之前，云贵高原处在古特提斯洋北岸，气候温暖，极有可能是高等植物起源地（1亿年前被子植物出现）。第四纪青藏高原的隆起改变了亚洲大陆的气候分布，在其东部边缘保留了一大片原生高等植物，野生茶树就是其中之一。这些野生古茶树分布区域被北回归线平分，横跨澜沧江水系，树龄最高有2 700年，证明了澜沧江中下游是世界茶树原产地。

双江自治县正位于茶树原产地的中心地带。目前，双江自治县境内已经发现多处野生古茶树群落，其中以勐库大雪山野生古茶树群落与仙人山古茶树群落最具代表性。

1. 勐库大雪山古茶树群落

勐库野生古茶树群落坐落于双江自治县勐库镇西北的大雪山中上部，在海拔2 200～2 750米的范围内错落分布，面积达12 700多亩。

勐库大雪山古茶树群落于1997年被发现。2002年12月5日至8日，中国农业科学院茶叶研究所、中国科学院昆明植物研究所、云南省农业科学院茶叶研究所、云南农业大学、昆明理工大学、云南茶叶协会、云南省临沧地区茶叶协会等单位联合组成专家组，对该群落进行了现场考察。考察发现，这一植被类型属于南亚热带山地季雨林。主要建群树种为木兰科、樟科、壳斗科，并构成了一级乔木层；二级乔木层以勐库野生古茶树为优势，此外有五加科、茜草科、桑科等；林下大面积箭竹全部枯死，草本层主要有荨麻科等。在调查地块内，古茶树整个群落是原生的自然植被，保存完好，未受人类破坏，自然更新力强，生物多样性极为丰富。

　　勐库野生古茶树是一个野生茶树物种。在进化上较普洱茶种（包括若干栽培品种如勐库大叶种等）更为原始。具有茶树一切形态特征和茶树功能性成分（茶多酚、氨基酸、咖啡因等），可以制茶饮用；由于所处海拔高，抗逆性强，尤抗寒性强，是抗性育种和分子生物学研究的宝贵资源。

　　通过科学考察，专家充分论证了勐库大雪山野生古茶树群落是目前国内外已发现的海拔最高、密度最大的大理茶种群落，它对进一步论证茶树原产于我国云南以及研究茶树的起源、演变、分类和种质创新都具有重要的价值。它表明双江是茶树起源中心之一。

勐库大雪山古茶树群落（袁正／摄）

勐库大雪山古茶树群落代表性植株

　　勐库大雪山1号古茶树。野生古茶树，大理茶。位于北纬23°41′48″，东经90°47′48″，海拔2 700米。茶树胸围3.25米，株高15米，冠幅13.7米×10.6米，一级分枝2枝，树姿为半开张。叶片水平状着生，嫩枝及芽体无毛，平均叶长13.7厘米，叶宽6.3厘米，叶片椭圆形，叶色绿而有光泽，叶面平，叶尖渐尖，叶基楔形或半圆形，叶质较脆，叶齿锐密，叶缘有近1/3无齿，叶脉9～10对，叶柄、叶背、主脉均无茸毛。鳞片3～4个，呈微紫红色，无毛；芽叶基部紫红色；萼片5个，绿色无毛；花冠平均直径4.0厘米×4.5厘米，花瓣薄软，白色，无毛，雌雄蕊柄低，花柱长0.7厘米，柱头5裂，裂位1/2～1/3，子房5室，密披绒毛。

勐库大雪山1号古茶树（双江自治 县农业局／提供）

2003年3月制蒸青样送农业部茶叶质量监督检验测试中心检验，1号大茶树水浸出物48.3%，对照样勐库群体种49.8%、云抗10号47.0%。茶多酚29.6%，对照样勐库群体种34.7%，云抗10号28.4%，水浸出物和茶多酚含量介于两个对照样之间。氨基酸4.4%，对照样勐库群体种2.4%、云抗10号3.6%，显著高于对照样。咖啡因3.6%，对照样勐库群体种4.9%、云抗10号4.7%，显著低于对照样。仅就主要内含成分指标而言，勐库野生茶树已达到或优于栽培茶种的水平。

勐库大雪山+1号古茶树。野生古茶树，大理茶。位于北纬23°41′53″，东经99°47′59″，海拔2 648米，胸围3.86米，株高25米，冠幅15.6米×12.0米，一级分枝4枝，最粗一级分枝干围2.0米。

勐库大雪山+1号古茶树（双江自治县农业局／提供）

勐库大雪山2号古茶树。野生古茶树，大理茶。

勐库大雪山2号古茶树（双江自治县农业局／提供）

2. 仙人山古茶树群落

　　仙人山古茶树群落位于双江自治县中部澜沧江省级自然保护区范围内。初步考察古茶树群落面积为1 000亩，现存百年以上古茶树10 000棵以上。区域内植物系统复杂多样，面积40%以上的区域属于保存完好的天然原始状态的亚热带中山湿性常绿阔叶林生态系统。中华桫椤、多花含笑、红梗润楠、云南樟、红椿、紫椿、马蹄荷、秃杉、长蕊木兰、贡

山三尖杉、云南榧树等为保护区内的珍稀植物。区内野生动物种类繁多，包括国家Ⅰ级重点保护动物黑长臂猿、豚鹿、绿孔雀、巨蜥与国家Ⅱ级重点保护动物短尾猴、穿山甲、原鸡、红瘰疣螈等近500种。野生古茶树生长在半山以上地带，属于茶树科大理茶。

仙人山丛林（双江自治县文体旅游局／提供）

（三）

山中民族所选择的生计

在我国西南部，群山未能阻碍人类的迁徙，也未能带给定居于此的人们肥沃富饶的土地。为了更好地生存，一些民族选择刀耕火种，利用焚烧天然落叶肥沃土地；一些民族选择开凿梯田，以人力雕琢大山，彻底改变山地的地表状态；而一些民族则选择山中特有的物种进行采摘、驯化、栽培，在不改变山地地表状态的条件下开展经济林果种植，茶树的驯化栽培无疑是其中最为成功的案例。

山地种茶（双江自治县农业局／提供）

1. 从发现、利用到赖以为生

据布朗族史诗《奔闷》和各种传说，布朗族先人有可能在中国进入封建社会以前就发现了茶树并开始加以利用。布朗族是一个古老的民族，在双江自治县境内发现的新石器遗址和石斧、石范、铜斧及大量碳化物，足以证明早在3 000多年前就有大量的土著民族生息繁衍，这应当就是布朗族的先民——古代的"濮"。汉晋时期，"濮"人分布在今云南省境内澜沧江两岸及其以西的广大地区。据史料记载，布朗族先民在双江县境定居的时间最晚也是唐代，甚至更早。东汉至隋朝时期（25—618年），双江为永昌郡闽濮部地。唐朝南诏时期（618—960年），双江为永昌节度蒲蛮部地。宋朝大理国时期（960—1279年），双江为永昌府蒲蛮地。元朝时期（1279—1368年），双江为云南行省谋粘管辖的称谓为"蒲蛮"和"倮黑"部地。

据史书记载，3 000多年前的古代濮人就懂得种茶、制茶和用茶，为茶的发现和利用做出了重大贡献。据考证，商周时西南夷中的濮人已经种茶，东晋常璩所著《华阳国志·巴志》记载："周武王伐纣，实得巴蜀之师……鱼盐铜铁、丹漆茶蜜……皆纳贡之"，说的就是周武王在公元前1066年联合当时四川、云南部落共同讨伐纣之后，将巴蜀及西南夷所产的茶列为贡品。而甲骨文"濮"字也正是一个身披树叶，头带鲜花的人，右手作

甲骨文"濮"（杨丽楹／提供）

出邀请手势，左手奉上一杯热气腾腾的香茶。这些，无不证明了早期西南地区人民对于茶的广泛利用。

唐代樊绰编撰的《蛮书》中提到"茶出银生城界诸山"，据此推算，这一地区茶叶种植的历史至少有1 100年。明代李时珍《本草纲目》中更为明确地表述了"普洱茶出云南普洱"，而此时的普洱是对整个澜沧江下游普洱茶区的泛称。双江与今普洱（古普洱府）一江之隔，正是普洱茶生产的核心区域，也是普洱茶贩售与运输的必经之路。这里具备适宜云南大叶种茶栽培的气候与土壤条件，也生长着多样性的茶树品种。

据文献记载可知，最晚在明代时，澜沧江中下游地区就已经开始大规模的种植茶树。而澜沧邦崴过渡型古茶树的发现，将茶树驯化栽培的历史提前到至今1 000年左右，即宋代早期。

此后，澜沧江中下游地区陆续开辟了众多茶园，许多民族都以栽培和贩卖茶叶为生。这种将自给自足的小规模种植业和养殖业与贩售的茶产业相结合的农业形式，构成了澜沧江中下游民族独具特色的生计方式与文化特征，并在几百年间持续支持了农民的生计，双江就是其中的典型代表。

双江茶叶种植历史悠久。佤族、布朗族是境内的土著民族，他们在漫长的生产生活演进中，学会采食茶叶，与茶相依相伴，在经济活动中以茶维持生计；在生产劳动中用茶解暑消渴；在人际交往中，以茶待客，以茶为礼，互赠亲友；在宗教活动中，以茶敬神，祈求祥和平安。茶叶成为当地民族生存与发展不可缺少的作物，地名称谓也与茶相联系，他们把勐库大雪山古茶树群落称为大茶山，把发源于大茶山的怕奔河左支流称作茶山箐。有史料载，南宋淳祐十二年（1252年），李兴北赴考永昌郡，南行300里*，有濮人种茶，市以米、布、茶、盐。永昌即今保山，濮人即布朗族，"永昌郡南行300里"，按当今里程计算，不可能是双江境，但当时的永昌郡辖区已经包容了现在整个临沧地区。不难

过渡型古茶树（澜沧）（普洱市农业局／提供）

---

* 注：里为非法定计量单位，1里=0.5千米——编者注

看出，双江勐库大叶茶种植早以传遍周边地区，而且茶叶品质蜚声内外。明清时期，双江茶叶发展已初具规模。勐库大叶茶种以品质优良名传各地，备受茶商和茶农的青睐。

双江自治县人民政府成立后，历届政府均把茶叶当作当地经济支柱产业发展。以制定茶叶奖励政策、降低农特税、减免茶区公粮等优惠政策，鼓励和扶持茶区发展茶叶生产，正确处理粮茶关系，改革和完善茶叶产业管理体制；推广科学种植技术，不断提高单产，增加总量。这不仅能加强对国家出口物资的支持，增强出口创汇收入的实力，而且给茶农直接提高收入，使茶农得到实惠，改善了茶农生活，茶叶成为利国富民的支柱产业。

1960年，双江全县茶叶面积3.21万亩，是1949年的1.2倍。1980年，茶叶生产实行家庭联产承包责任制，谁承包谁管理谁采摘，统一规划新茶园、谁种谁收，长期不变。

1982年，双江自治县委、县政府作出"粮食自给，以茶为主，农、林、牧、副、渔全面发展，农工商综合经营"的工作思路，把茶叶生产作为商品经济骨干产品来抓，改造老茶园和发展新茶园相结合。至1986年累计投入资金210万元，发展新茶园4.18万亩，改造低产茶园3万余亩。全县503个生产队种植茶叶，建成勐库、沙河、忙糯3个万亩茶园乡，建成连片丰产茶园8个，有千亩茶园村26个。

1999年，全县茶叶面积6.43万亩，产量2 273吨。为进一步理顺茶叶产业经营体制，发挥茶叶优势，县委县政府于2000年3月作出《关于全县茶叶产业化发展实施意见》，其基本思路是"以市场为导向，以效益为中心，以资本为纽带，以改革为动力，以科技为依托，打破地域、部门和所有制的限制，坚持'三改两加强'，推行市场牵龙头，龙头带基地，基地连农户，科工贸一体化，产供销一条龙"的经营体制，发展高优生态茶园，实施名牌战略。

2010年，全县茶叶面积12.44万亩，采摘面积8.18万亩，采摘产量4 853吨，其中建成高优生态茶园5.03万亩，占茶叶面积的40.43%，有机茶园面积1.94万亩，实现农业产值7 134万元，财政收入423万元。

古茶树在双江茶产业发展中一直占有重要地位。2005年调查统计，全县有50年以上树龄的栽培型古茶树19 822.7亩，其中50～100年树龄的8 965.5亩，100～200年树龄的6 336亩，200～300年树龄的2 609亩，300～500年树龄的1 188亩，500年以上树龄的724.2亩，每年共可采摘鲜叶2 618吨。这些古茶树分布于4个乡镇21个村委会73个村民小组的76

块茶园中，具体是：勐库镇15 359.7亩，占77.49%；沙河乡4 080亩，占20.58%；忙糯乡83亩，占0.42%；邦丙乡300亩，占1.51%。其中，勐库大叶种茶发源地冰岛村民小组尚存百年以上栽培古茶母树 334.98亩、79 732株，500年以上树龄的茶树4 954株。这些古茶树构成了双江具有浓厚历史风韵的古茶园。在古茶园中及周围，是农民种植的作物和大面积新近栽培的高优生态茶园。这些绿色的大地背景，为双江人民带来了收入，换取了食物，也寄托了他们的文化和信仰。

双江自治县农业概况

双江自治县是一个以农业为主的贫困县，全县辖四乡两镇两农场，共有75个村民委员会（社区），811个村民小组，2013年年末全县总人口17.25万人，其中：农业人口占71.59%，少数民族人口占44.47%。双江自治县是全国唯一一个以四个少数民族为主体的自治县，拉祜族、佤族、布朗族、傣族是域内主要少数民族，也是种植茶叶的主要民族。

全县耕地面积34.5万亩，茶叶种植面积13.95万亩，其中可采摘面积10.71万亩。2013年全县农村经济总收入124 249万元，农民人均纯收入5 759元，粮食总产68 108吨，农民人均口粮400千克。茶叶产量7 820吨，产值2.16亿元。

县境内山区、半山区面积占96.24%，茶叶种植是山区居民主要的生计来源，全县涉及茶叶生产经营的农业人口达12.3万人，占农业人口的82.36%。

2. 六大茶区

在茶文化的长期熏陶和不断建设下，双江形成了大规模的栽培型古茶园。这些古茶园在双江各古村寨中均有分布，并集中在六个片区。

勐库镇位于双江自治县北部，是勐库大叶种的原产地。勐库地形为两山夹一河一坝，即邦马山和马鞍山中夹着南勐河和勐库坝子。双江民间习惯以南勐河为界，河东为马鞍山，被称为东半山；河西为邦马山，被称为西半山。双江树龄120年以上的古茶树，绝大部分分布在东西半山。两山间的古村寨中，村村都有栽培型古茶园。西半山茶区包括公弄、大户赛、懂过、坝卡、冰岛、丙山、帮改、忙波8个茶村。东半山茶区包括亥公、那赛、那蕉、坝糯、忙蚌、章外6个茶园。

除了勐库和勐勐镇以外,沙河乡、邦丙乡、大文乡、忙糯乡也留存了很多古茶园。沙河乡茶区主要位于邦马大雪山经过勐库坝子向东横伸出的4条小山脉。这4条小山隔开了勐库坝子与勐勐坝子,当地人称为四排山。邦丙乡位于小黑江沿岸,是双江县最南部的乡镇,而邦丙的茶区就在小黑江峡谷的大山上。大文乡和忙糯乡位于澜沧江沿岸,毗邻景谷傣族彝族自治县,也是布朗族和拉祜族世居种茶的主要地区。其中沙河乡的邦协、邦木、营盘,邦丙乡的邦丙、岔箐,大文乡的大梁子,忙糯乡的忙糯、黄草岭、滚岗、大必地等村落都是具有代表性的古茶村。

(1) 西半山茶区

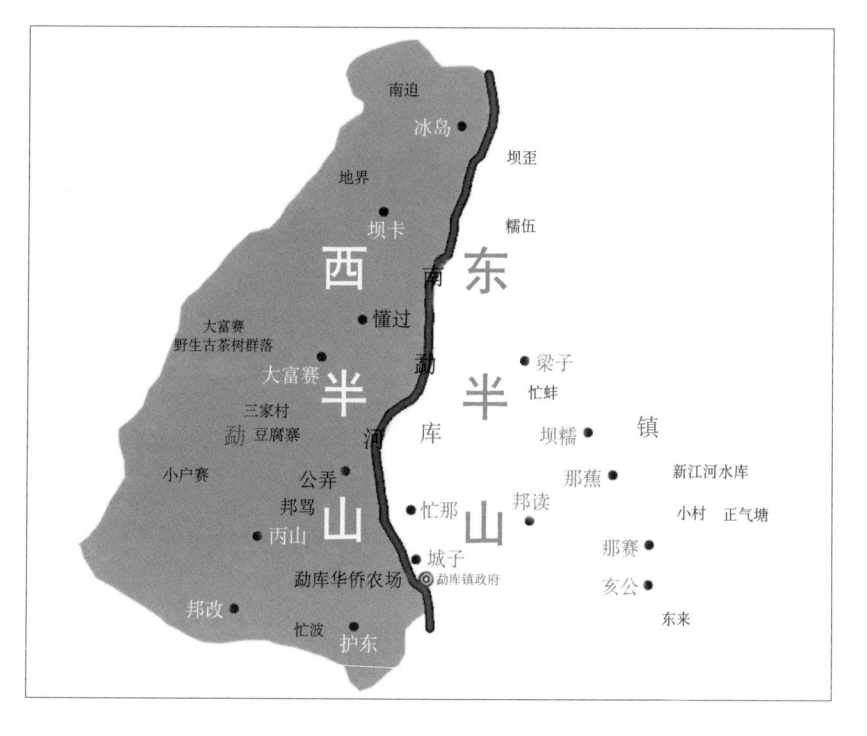

西半山茶区(双江自治县农业局/提供)

①公弄

公弄茶区是双江历史最悠久的茶区,著名的茶村包括公弄、小户赛和豆腐寨。

公弄

公弄是布朗族世居的村寨，寨名意为"敲大鼓的寨子"（傣语意为"大山上的寨子"），是勐库最古老的村寨。它坐落在邦马大雪山向勐库坝子延伸的一座小山上。置身寨中，可尽览邦马大雪山主峰与勐库坝子，青山碧水，世外悠然。这个布朗族村寨与邦马大雪山的古刹林相望相守、相生相息。公弄的布朗族是最早发现和利用邦马大雪山中古茶树的民族。据当地人说，古濮人是最早生活在这一区域的族群。而在傣族土司引种茶树之前，古濮人已经在勐库开始了人工种植茶树。后逐步扩展，形成了更大规模的茶园。1950年以前，公弄就是勐库有名的产茶大寨，茶园面积在2 000亩以上。1950年以后，公弄进一步扩展茶园面积。中国农业科学院茶叶研究所和云南省农业科学院茶叶研究所都曾将公弄定为勐库大叶种的培育基地，茶种、茶苗销至省内外众多茶区。

公弄大寨（双江自治县农业局／提供）　　布朗族（双江自治县文体旅游局／提供）

小户赛

小户赛隶属于公弄村委会，由一个汉族寨子和两个拉祜族寨子组成，三个寨子连排静立在邦马大雪山主峰半山之上，是双江最典型、最可观的古茶村。在小户赛中，树围超过1米的古茶树房前屋后，山间地头随处可见，这些古茶树将双江悠久的茶树种植历史生动地展现在人们眼前。小户赛背后就是邦马大雪山古茶树群落所在地，而发源于邦马大雪山的茶山河也从山巅流下经过村寨。而今在小户赛茶山河两岸的悬崖上还有野生型古茶树顽强地生长，这些古茶树有可能是大雪山中古茶树群落自然传播长成的。

小户赛古茶园（双江自治县文体旅游局／提供）

豆腐寨

　　豆腐寨旧称中户赛，最初有拉祜族和佤族居住，现在是汉族人居住的寨子。寨子里的茶园是随清朝咸丰年间汉族人的迁入逐渐种植的。后由于村落的扩张，古茶园大多被毁，又于民国时重新种植。通过茶园，豆腐寨向上连接着五家村和三家村。三家村是双江海拔最高的产茶村，海拔2 000米。

豆腐寨三家村（双江自治县农业局／提供）

②大户赛

从公弄茶区沿公路向盘旋上山，就是大户赛，是进入邦马大雪山野生古茶树群落的最佳路线。大户赛海拔1 900米左右。下边洼地居住着拉祜族和布朗族居民，上边梁子是清末杜文秀起义后迁居至此的汉族居民。拉祜族至少300年前就开始在这里开垦茶园，而汉族人定居于此后更是以"满天星"的模式大面积的开垦茶园，现存光绪末民国初年的茶园至少还有500亩。大户赛的毛茶与西半山其他村寨的略有不同，晒干后乌黑光亮，被称为大黑叶，是许多商人最喜爱的毛茶品种。1957年，大户赛建起了茶叶初制所，从凤庆来的技术人员带来了红茶制作技术，大户赛开始制作高品质红茶。

满天星状茶园（杨丽韫／摄）

③懂过

懂过是西半山最大的村寨，也是西半山茶园面积最大的村寨。懂过村委会共管辖4个自然村，茶园面积5 700多亩，新老茶园各占一半上下。懂过坐落在邦马山延伸向东的一个小山脉上，面对大户赛与邦马大雪山，最初为拉祜族村落，后汉族人迁入，现以汉族居民为主。由于临近野生古茶树群落，这里种植茶树的时间较早。村内茶王树树围达160

厘米，周边"小树"较其他村落的茶树也更为粗壮。懂过还是双江茶产业发展较早的茶村，其茶产量在整个勐库镇都占据了较大份额，并建立了双江首批茶叶良种培育基地。懂过的茶籽作为勐库大叶种中的上品，1980年以前一直不断外调。

懂过村茶王树（双江自治县农业局／提供）　　勐库大叶种茶果（杨丽韫／提供）

④坝卡

　　坝卡与懂过村委会最北端的寨子隔河相望，毗邻耿马县，海拔近2 000米。由于山路崎岖难行，坝卡的人们过着半隔世的悠然生活。他们自给自足，相比于双江其他的茶村，坝卡的生态更好，种、养殖品种

坝卡古茶园（双江自治县农业局／提供）　　坝卡蜜蜂养殖（双江自治县农业局／提供）

更为丰富，茶只是人们栽培的作物之一。坝卡现今以汉族居民为主，但在坝卡下寨的背后，保存着一片100余亩的竜（lóng，同"龙"）林，这是布朗族、傣族、拉祜族、佤族等民族心中的神林，这样大面积的竜林的存在，证明这个寨子也曾是少数民族聚居的地方。因此，茶园也被居住在这里的人们代代传承。然时至今日，坝卡的茶园却多以1950年之后新栽培的茶树为主，古茶园已经不足300亩。

⑤冰岛

冰岛村位于勐库镇最北部，与临沧市临翔区南美乡接壤，是双江乃至澜沧江中下游最为著名的茶村之一。冰岛村是勐库大叶种的原产地，曾是勐勐傣族土司的贵族茶园。"冰岛"是傣语音译，1904年以前是傣族村寨，傣语音类似"扁岛"，也有文献中将冰岛记作"丙岛"，现统一为"冰岛"。冰岛古茶园的来历有着明确而细致的历史记载，有530余年历史。而今冰岛最为著名的古茶园也正是这一土司茶园的遗泽。而今的冰岛村不再是土司种茶的小茶村，而是包含了5个自然村的冰岛村委会，除冰岛外，还包括南迫、坝歪、糯伍和地界。南勐河从临翔区南美乡发源，流过冰岛老寨。区域内以河为界划分东西半山，坝歪和糯伍属于东半山，而其他几个村子属于西半山。冰岛是唯一跨两个半山的村寨。而在这些村寨里，古茶树与古核桃树一起，撑起了拉祜族和傣族的生计。

冰岛古茶园（双江自治县农业局／提供）

⑥丙山

　　沿着邦马山，西半山茶区以公弄为中心向南即为丙山和帮改。丙山行政村包括了帮骂大寨和邦丙上、下寨和滚上山等几个自然村，1960年以前名为邦丙，是帮骂和丙山的合称，后因与邦丙乡重名，改为丙山。丙山村的农田很少，山坡上连片的都是茶园。清光绪年间，邦骂村开始大规模涌入汉族人，并大面积扩建茶园，在村庄背后的小山上似满天星遍植茶树，面积多达500亩。丙山上寨为汉族村寨，而下寨是佤族的世居地。丙山上下寨的茶园均为1950年以前栽种的，且产茶规模不俗。滚上山坐落在大亮山（邦马大雪山余脉）的半山腰上，是汉族为主的寨子，除了大面积栽植的茶园外，这里还是畜牧业发展较好的村寨。

丙山古茶园（双江自治县农业局／提供）

滚上山寨（双江自治县农业局／提供）

⑦帮改

　　从滚上山继续向南即是帮改村，但是至今仍只能依靠步行跨越帮改河。而从勐勐的坝子沿公路上山则可轻易到达帮改。沿公路向上，距离帮改村很远就可以看见茶树平铺在山坡上。这里的古茶园经过矮化改造，树木不高，但是从其粗壮程度还是能看出其有着长久的历史。帮改

改造过的古茶园（杨丽韫／摄）

大寨是拉祜族世居的村寨，在半山上部，除了栽植茶园外，拉祜族还种植了大量的水田。帮改其他村寨多以汉族为主，一些村寨由于临近，其茶园也相接壤，远观就是茶山上坐落着村落，人在茶中，风景宜然。

⑧忙波

　　忙波是勐库两个种茶的傣族村寨之一，另一个就是最为有名的冰岛村。傣族多居住在坝区，忙波也是西半山最靠近勐库坝子的村寨。它在坝子边缘，也在山脚。忙波的傣族在坝子中种水稻，在山脚种茶。忙波的古茶园在寨子后方，名为"亥弄"，意为很大的一片地。忙波最好的茶名为"腊丽宛波"，光绪年间是作为给当地村官和勐勐土司晋献的贵族茶品而存在的。忙波茶与冰岛茶作为供给土司饮用的茶品而贵重，也因此而出名。

忙波寨傣族佛寺（双江自治县农业局／提供）

亥弄大茶地（双江自治县农业局／提供）

（2）东半山茶区

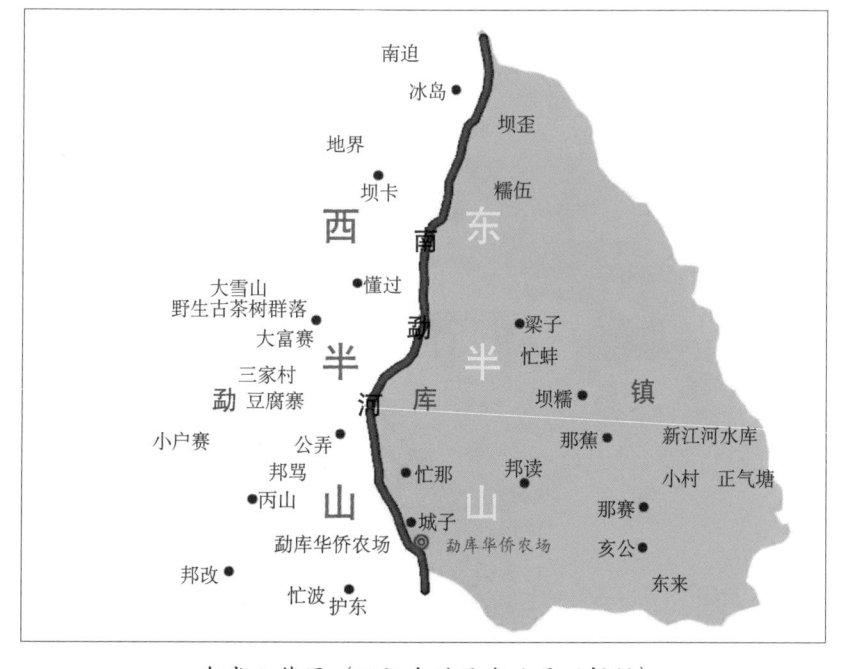

东半山茶区（双江自治县农业局／提供）

①亥公

从临沧进入双江就进入了亥公。勐库茶区从这里向南延展开来。地处214国道进入双江的必经之路，亥公交通发达，竹林水田、茶园芭蕉，风景怡然。"亥公"是佤语的音译，意为"敲木鼓"的地方。这里出土了许多佤族的土陶用具和石屋遗迹，说明亥公曾是佤族先民的聚居地，但现在的亥公已是拉祜族和汉族为主要民族的居住地。亥公9个自然村，茶园面积已达7 800多亩，不仅有古茶园，也有大规模的新建茶园。其中，勐库戎氏茶叶公司在东来村建立的有机茶生产基地，是经联合国粮食与农业组织认定的全球屈指可数的有机茶示范基地之一。

亥公生态茶园（双江自治县农业局／提供）

有机茶示范基地（双江自治县农业局／提供）

②那赛

214国道经过亥公深入双江的下一个村落就是那赛，这里自古就是勐库坝子到博尚古镇贩卖茶叶的必经之路。那赛的小村是拉祜族聚居的村子，这里居住的拉祜族还保留着极为传统的风俗，说拉祜语，唱打歌。小村中有几棵千年的古柏，村边是茶园与竹林。茶园中，妖娆的藤条茶随风摇曳。藤条茶在那赛大寨的古茶地中更多，但不及小村茶园中的树龄老。

古驿道（双江自治县农业局／提供）

那赛大石桥连接了勐库坝子与博尚古镇（双江自治县农业局／提供）

③ 那蕉

那赛向北就是那蕉。站在那蕉的背阴村中，能够纵览西半山的景色。群山绵延，白云出岫，古茶苍苍，像一幅美丽的图画。而从山上向下看，勐库坝子就像一个精致的盆景，悠然坐落在山脚之下。那蕉是高品质藤条茶的产区，茶叶以颜色鲜亮，内含物丰富著称，当然价格不

那蕉大团田（双江自治县农业局／提供）

菲。这里的茶园一半以上都是清代和民国时的古茶园，茶种以藤条茶为主。那蕉是以拉祜族为主的村寨，背山靠水。人们种植茶树，开垦梯田，开凿沟渠，创造了良好宜居的生存环境。

④坝糯

从那蕉新寨沿公路继续向北，就到了坝糯。坝糯是东半山最大、最高的寨子，海拔1 900多米。坝糯以汉族居民为主，也是拉祜族世居的村寨，是藤条茶的代表产区。这里藤条茶园面积最大，拥有双江最古老的藤条茶树，而藤条茶茶园的形态也最为复杂多样。据当地居民说，拉祜族在500多年以前就开始在这里居住、种茶，因而保留了大量的古茶园。这里的汉族多自临沧博尚而来，他们进入坝糯后，不仅大面积开辟茶园，更带动了周边地区的商业，有人认为双江茶到博尚集中贩卖可能就始于坝糯。更有众多汉族人远赴缅甸、泰国和中国台湾省贩卖茶叶。

藤条茶园（双江自治县农业局／提供）

⑤忙蚌

与坝糯隔着一座小山梁的另一个拉祜古寨就是忙蚌。它曾是极为纯粹且传统的拉祜村寨。在20世纪30年代，这里还没有汉人迁入居住，拉祜族有自己的卡些（头领）。这些卡些很有威望，外村的汉人不敢到忙蚌大寨以酒换田换茶园。忙蚌后山的森林保得极好，特产六子就长在森林里。六子能够消炎止痛、治疟疾、治瘴气，是居住在热带地区的人们必备的常用药。忙蚌的六子带有香味，品质突出，是这里的拉祜人除茶之外另一种生计依仗。

拉祜族摊晾青茶（双江自治县农业局／提供）

⑥章外

章外原属勐库镇，2006年划归勐勐镇，现在是勐勐镇的一个村委会，辖10个自然村。章外是双江的老茶区，与亥公相连。在章外的营盘村，不仅能看到勐库东西半山的景色，还能看见沙河乡的四排山，放眼望去，茶园连片。章外原是拉祜族居住的地方，19世纪80年代，俅黑大山拉祜族起义失败后许多拉祜族人离开故土，后又有众多汉族人迁入。现在章外村最古老的古茶园仍是拉祜族种植的，汉族人也在定居于此后开辟了大面积的茶园。由于临近坝子，章外村有许多水田，水源丰富，土地肥沃。水稻与茶一起使这里成为一片富饶的土地。

古茶园围绕农家（双江自治县农业局／提供）

（3）沙河茶区

①邦协

邦协与勐库相连，所产茶的口味和茶质在勐库茶中也属上乘。邦协大寨坐落在四排山深处的山谷里，是个布朗族大寨。布朗族是古濮人的后代，布朗族居住的村寨一定有古茶树，这在云南几乎成为一个共识。根据布朗族的传说，布朗族至少5 000年前就在双江定居，四排山古称"亮山"，即布朗语意"很高的山峰"。而在这座山峰上，遍布着布朗族栽培的古茶树。

邦协鲜芽（双江自治县农业局／提供）

在邦协，还有个双江最大的佤族大寨——小勐俄。小勐俄海拔超过2 000米，几乎已经是山顶，寨子朝东，冬暖夏凉，整个山寨洋溢着浓厚的佤族风情和生态智慧。在小勐俄村中，可观赏勐库和勐勐坝子，可远眺仙人山和勐库东半山。这里的茶味道更似澜沧地区的茶，与双江当地的茶滋味迥异，但也被大家所喜爱。

小勐俄寨心石（双江自治县农业局／提供）　　小勐俄土鸡（双江自治县农业局／提供）

②邦木

邦木在邦协与营盘之间，是现在双江自治县茶产量最大的村委会之一。1904年，双江在管带官彭锟的主持下改土归流。此后，邦木由彭锟之子直接经营管理了20多年。1949年之前，邦木是旧县政府特区，充当双江经济发展样板与示范区的角色，茶产业发展迅速。一些历史文献中记载，民国时期邦木一度替代冰岛成为了双江最主要的茶籽输出地。1949年以后，邦木茶树种植与管理更是长期在科技人员的指导下进行不断的调整与改进，形成了成熟的茶园管理技术与蓬勃发展的茶产业。

邦木村1号古茶树（双江自治县农业局／提供）

③营盘

　　自改土归流以后，营盘是双江县政府的所在地。由于其特殊的历史地位，营盘曾聚集了双江最具权势、最富有、最有学问的各类名人。营盘曾叫那赛，是佤族和拉祜族聚居的高山小寨子。1904年，管带官彭锟平息了忙糯、大文的拉祜族起义之后，带领清军和当地土练进驻了这个小寨，并将其改名为营盘，即军营之意。此后，营盘进入了高速发展并受各界瞩目的新时代。借此契机，以彭锟为代表的官绅大力发展茶叶经济。彭锟自家就在营盘开辟了几百亩茶园，至今人们仍叫这一片茶园"彭家大茶园"。后彭锟及其子嗣还带头在双江其他地方大量开垦茶园，并在昆明开办了中和茶庄，专卖勐库茶。现在双江1/3左右面积的古茶园是在彭锟管理时期种植的。

彭家大茶园（双江自治县农业局／提供）

葱郁的古树（双江自治县农业局／提供）

（4）邦丙茶区

　　小黑江是双江与澜沧两县的界河，北岸是双江的邦丙与大文，南岸是澜沧的文东和富东，两岸都是云南普洱茶的著名产区。邦丙是布朗族世居之地，为布朗族的故乡之一。邦丙最北部的仙人山是双江境内很有名的一座大山，它似乎将邦丙与双江分隔开来。仙人山也是双江除了邦马大雪山外另一片大面积野生古茶树群落生长之处，原始森林繁盛茂密，古茶树静立其间。在邦丙街（邦丙乡政府所在地），可以远眺耿马、沧源、澜沧、景谷、双江，形成"一山看五县"的奇特景观。而小黑江两岸是布朗族、佤族、拉祜族的世居之所，这几个民族也都是依茶而生的民族，建村必种茶。邦丙全乡

有茶园4 000余亩，其中古茶园1 000余亩。有古村落的地方都有茶园。邦丙大寨、岔箐、大平掌等都是著名的茶村。由于茶产业曾长期不受重视，古茶园面积大小不一，有的地方形成规模，有的则只余零星，有的老茶园已无人看管。

(5) 大文茶区

大文乡位于小黑江和澜沧江交汇处，是真正的"两江交汇"之地，也是拉祜族世居之地。

大文乡政府所在地梁子寨拥有大文最著名的古茶树。梁子寨1号古茶树有七八米高，树围大于135厘米，主干中部发出5条大枝，分枝有碗口粗，是当地拉祜族心中的茶王树。2号古茶树比1号古茶树更高，树围120厘米左右。

两棵茶树树龄不详，据当地人回忆，清代拉祜族起义时这两棵大茶树就已经粗壮繁茂，受人景仰了。现在，两棵树仍静静地矗立在寨子小学背面的农田中，茕茕孑立。这里曾有大面积的古茶园，然而至今，大文乡10多个拉祜族村寨却再难找到连片的古茶园了。清朝时，双江、澜沧一带拉祜族聚居地被称为"倮黑大山"，这里是拉祜族起义反抗傣族封建领主统治的地方，也是主战场所在地。起义的失败不仅破坏了大山中的茶园，也将大山变成了拉祜起义军的埋骨之所，因此这片大山被人们叫作"大坟山"。

大文古茶树（双江自治县文体旅游局／提供）

虽然古茶园被毁坏殆尽，但大文乡所处于世界茶树起源中心的地理区位，这里天然就是适合茶树生长的区域。民国以后，勤劳的拉祜人和汉人一起，在大文乡建立了众多茶园，已发现茶园20 000余亩，重新构建了大文的茶产业。

(6) 忙糯茶区

与大文乡一样，忙糯也是拉祜族世居之地，全境都在俸黑大山区域之内，均为山区。忙糯在澜沧江西岸，北部紧邻北回归线，是最适宜种茶的地区之一。《双江县志》记载，忙糯乡曾是清代拉祜族起义的发源地，忙糯拉祜族也是起义的主要力量。而那些曾经拉祜族居住过的村寨都有拉祜族开辟的茶园。忙糯大毕地的古茶树证明，至少在600年前，拉祜族就开始在这里栽培茶树。清代三次拉祜族起义被镇压、忙糯的地域长官和行政管理范围不断变化都直接影响了忙糯茶产业的发展。黄草岭、滚岗和大毕地是忙糯著名的古茶村。之后，忙糯乡也发展了大面积的茶园，但是由于产业发展迟缓，忙糯茶的价格一直偏低，平均不到勐库茶价的1/2。

大毕地茶园（双江自治县农业局／提供）

二

土司后院 茶农家园

云南双江勐库古茶园与茶文化系统

（一）
勐库大叶种的起承转合

双江之茶，以勐库大叶种闻名。勐库大叶种茶又名勐库大叶茶、勐库种、勐库茶，属于有性群体品种，原产于云南省双江自治县勐库镇冰岛自然村，以产地得名。勐库大叶种茶属山茶属，普洱茶种，是普通普洱茶种适应勐库当地自然地理与气候条件所形成的地方品种。勐库大叶种鲜叶制成的茶滋味浓郁，甘洌醇厚，是普洱茶中品质极高的品种，被誉为"云南大叶种茶的正宗""云南大叶茶的英豪"。

勐库大叶种单芽（双江自治县农业局／提供）

1. 种源

根据民间史料《双江傣族简史》记载，勐库大叶种可以追溯到明成化二十年（1484年）。明成化二十年，勐勐土司罕廷发派勐库冰岛村傣民岩庄、散怕、尼怕、岩信4人送礼物到悉博向悉博地方官谢恩，岩庄等4人在悉博集市发现加工过的茶叶，尝其味，觉得比野茶好。返回后，即向罕廷发汇报，于是，罕廷发派岩庄等4人重返悉博，请示悉博地方官后，进入莱弄（驻缅中地区）学习茶叶栽培、加工技术，明成化二十一年学成归来，罕廷发命勐库大圈官优先让冰岛村建盖佛寺，并命岩庄等4人在冰岛佛寺周围首次试行培育茶苗，第一代培育成功150余株茶苗，移植栽培数十年后，茶母树长大，开花、结果，再继续繁殖发展。它们是当今勐库大叶种茶之祖。

而在此之前，双江布朗族、拉祜族和佤族先民已经开始人工种植茶树。这些茶树按植物形态特征分类上均属于山茶属普洱茶种，在性状与茶叶品质上与勐库大叶种极为相近。詹英佩女士在深入考察双江各古茶园后认为，双江最早进行人工栽培茶树的时间不会晚于南糯山（注：南糯山半坡老寨有800年树龄的人工栽培型古茶树），而明成化二十一年（1485年）傣族土司进驻勐勐后，是双江茶产业进行统一规划和扩展的时期，而非勐库大叶种最早的栽培时间。

早于冰岛古茶园种植的双江古茶园（双江自治县农业局／提供）

2. 品种特征

勐库大叶种茶树，按植物学形态特征分类属于山茶属普洱茶种，是有性群体品种。在长期的自然选择和人工栽培过程中，由于杂交和变异，勐库大叶种茶演变为较为复杂的群体，根据叶片形态命名法，分为黑大叶、卵形大叶、筒状大叶、黑细长叶、长大叶5种类型，形态特征有一致性。

勐库大叶种茶（双江自治县文体旅游局／提供）

以黑大叶为代表的勐库大叶种茶的形态特征

以黑大叶为代表的勐库大叶种茶的形态特征为：

①均为乔木树型。在自然生长情况下（只采不剪），百年以上树龄，树高可达6米以上，树姿不一。

②叶片均为大叶型，最大叶长为20.6厘米。叶形以椭圆或卵圆为主。叶尖以渐尖或急尖居多。叶色绿或黄绿。叶表富光泽，叶面隆起性强（只有长大叶、黑细长叶较平坦）。叶片干后起皱，膜质，厚0.1~0.2毫米。侧脉10~14对，支脉络清晰。

③茶芽壮多毫，芽叶黄绿，密披银白色芽毫，一芽二叶初展叶稍长达5～6厘米，1片重0.62克。

④花较小，花冠径多在3～4厘米，花瓣白里透绿，瓣质如翼，盛花期略有桂花香气。子房茸毛多，花柱3裂。

⑤果小，多呈三球或棉铃形，果皮薄，易剥离。

⑥萌发早，产量高，3月上旬开采，11月下旬结束，新梢一年发5轮，一年可采25次。

勐库大叶种茶种植基地，一般选择生态环境优良、空气清新、水源清洁、无污染、历年来病虫害发生少、面积较大、不积水的地块。土壤选择自然肥力高、土层深厚、土质疏松、营养元素丰富而平衡的红壤、黄壤、沙质壤土。土壤质地良好呈酸性或微酸性，pH4.5～6，有机含量在1.5%以上，全氮含量0.1%以上，有效土层在0.8米以上。

双江古茶园的土壤条件

双江古茶园土壤类型以红壤为主（包括红壤亚类、棕红壤亚类），赤红壤、紫色土次之。土壤有机质0.24%～4.78%、含氮0.085%～3.02%、含磷0.003%～0.169%、含钾0.743%～6.186%、pH 4.7～6.8之间，交换性钙0.56～1.24毫克当量/100克土，交换性铝2.32～7.94毫克当量/100克土。这些土壤理化条件是促成勐库大叶种茶优质高产的先决条件。

双江勐库大叶种茶与茶文化系统在古茶园中实现复合种养殖。在乔木型茶树下栽培作物和养殖牲畜，使各种生物之间相互作用，形成接近自然的生态系统。

新建茶园或老茶园改造时，茶、林、路、水、牧统一布置。在保留原有树种和生物群体的基础上，因地制宜地在茶园及周边种植一些有益树种，如桤木、樟树和杉树等。同时在园区内的适当位置建立5～8米防护林隔离带。这些生态建设对改善茶园小气候环境、调节温度、提高湿度、涵养水源、保持水土、生物防控等方面有明显的作用。

　　茶园内，尤其幼龄茶园行间种植绿肥或铺盖草料，以促进土壤理化性状改良，提高土壤有机质含量和保肥、保水的能力，改善生态环境。

村落旁的古茶树（袁正／摄）

3．分布与流传

　　适宜的自然环境，孕育出优良的勐库大叶种茶，曾被茶商官民重视而广泛引种。根据《双江茶叶志》记载，清乾隆二十六年（1761年）起，双江勐库大叶茶已外引到顺宁（凤庆）种植，之后镇康、云县、临沧的有识之士多次到双江引种勐库大叶茶种。彭桂萼著《双江一瞥》记载，"民国"初，勐库大叶茶年产万担，"民国"二十四年9月至民国二十五年8月（1935年9月至1936年8月），双江国税中，仅茶叶一项每担收银3元，完税茶叶7 000担，收银2.1万元，"民国"二十六年（1937年），勐库每担茶卖价平均100元，仅勐库公弄、邦骂一带，茶农请工数百人采制茶叶。春茶期间，外地商人云集勐库、勐勐等地竞相采购茶叶。

　　双江地处茶马古道南道（"夷方地"）线路上。"夷方地"属历史上茶马古道南道支网，包括临沧、双江、沧源、耿马、镇康、永德、凤庆、云县等自然地理相连接的网络式"茶商联络"中心。双江自治县处于南道"夷方地"交易区支网，勐库大叶种茶北路通过泰恒镇茶市（今博尚镇）远销康藏，有时西藏马帮直接到双江驮运茶叶；南路通过沧源、耿马与缅甸通商；也有当地马帮直接营销茶叶。双江勐库大叶种由此扬名。

茶马古道南道线路

　　茶马古道南线是从云南的西双版纳起始，途径思茅→临沧→保山→大理→怒江→丽江→迪庆→四川甘孜→西藏昌都→祭隅→波蜜→林芝→拉萨→进入尼泊尔→锡金→不丹→印度→阿富汗。

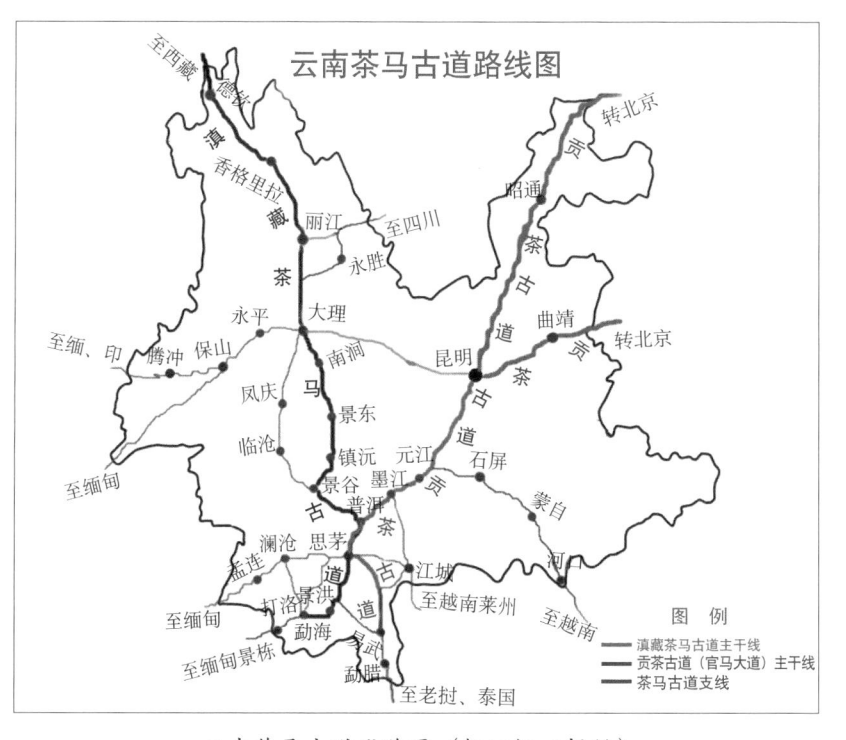

云南茶马古道线路图（杨丽韫／提供）

　　新中国成立后，国家对勐库大叶种茶这一优良品种的推广利用十分重视，云南省农业厅从1979年开始拨专款在双江自治县建立繁育点，以满足各地对原种的需求。目前，勐库大叶种茶是双江的当家品种，种植面积占双江茶园面积90％以上。但由于历史原因，清代大文、忙糯的茶产业发展不佳，而由于受到大山阻隔，邦丙的茶产业也一直处于缓慢发展的状态。这直接影响了今天双江茶产业的发展结构。北部勐库镇成为古茶园最密集茶产业最为发达的乡镇，而东南部乡镇虽然也拓展了大面积的茶园，但是产业发达仍然相对滞后。

现在，勐库大叶种在云南主要分布在双江、临沧、镇康、永德、凤庆、昌宁等县。广东、广西、海南、贵州、四川等省、自治区也曾先后引种大面积栽培。

勐库大叶种推广记事

1896年，云县茶房绅士石峻至勐库购买茶籽30驮分给当地农民种植。

1909年，缅宁通判房景东到勐库购买茶籽数百斤推广种植。

1910年，永德到勐库引种茶种。

1912年，腾冲官绅封佩藩从勐库引茶籽。

1913年，镇康引种勐库大叶种茶籽。

1917年，云县茶房再次引种勐库茶籽。

1921年，云县实业所购买勐库大叶种茶籽2.5石（约167千克）。

1923年，保山人封维德到勐库购茶籽100驮运至腾冲窜龙、蒲窝两乡种植。

1940年，中茶公司调勐库茶籽46骡共计92箩驮至昆明宜良茶厂。

1955年，大理引种勐库大叶种茶籽。

1958年，勐海引种勐库大叶种茶籽。同年，广东、广西到勐库调购茶籽。

1959年，沧源引种勐库大叶种茶籽50吨。

1950—1980年，勐库大叶种茶籽调往云南其他地区以及福建、广东、广西、四川等省、自治区，总量达300吨。

（资料来源：《双江县志》《双江县茶叶志》）

4. 品种的价值

勐库大叶种茶是有性群体优良茶树品种，原种种性纯度高，早在20世纪60年代就被认定为茶树良种，是1984年全国茶树良种审定委员会认定的第一批全国30个茶树良种之一。中国茶界专家通过对其产地考察、生化分析后，认为"勐库大叶种是云南大叶种茶的正宗""云南大叶茶的英豪"。

勐库大叶种茶中茶多酚与儿茶素含量高。春茶一芽二叶含咖啡因4.04%，氨基酸1.66%，茶多酚33.7%；每克茶叶含儿茶素182.16毫克。适制红茶、普洱茶及绿茶。以勐库大叶种为原料制造的工夫红茶金毫披露，条索肥壮重实，香高、味浓强，汤色红艳；所制红碎茶香气高，滋味浓强鲜，汤色红艳；所制绿茶白毫显露，滋味醇厚。因其茶气特强，甘甜浓烈的特征，勐库大叶种的制成茶被认为是加工普洱茶的上佳品种。它与凤庆大叶种和勐海大叶种一起成为云南大叶种茶的三大著名传统茶树良种。

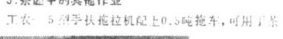

全国茶树良种审定委员会举行第二次会议

· 31 ·

《中国茶叶》杂志记载的勐库大叶茶被评定为全国首批茶树良种（双江自治县农业局／提供）

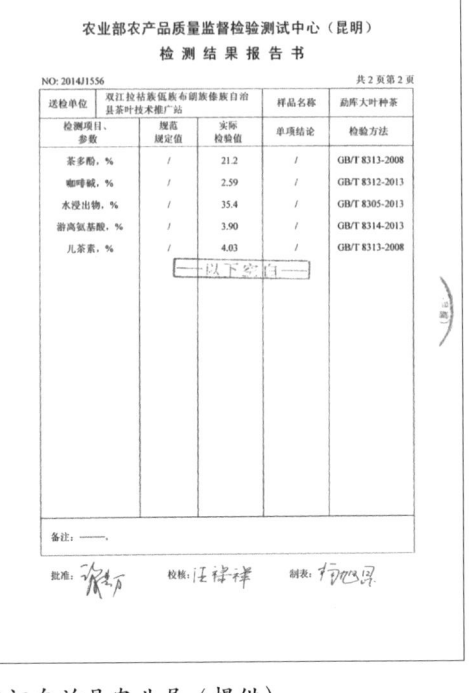

勐库大叶种品质检查报告（双江自治县农业局／提供）

（二）

五百年茶园承载的兴衰

　　双江是布朗族、拉祜族、佤族世居之所。云南人认为，古濮人是最早发现和利用茶的民族，而今天的傣族、布朗族、德昂族、佤族等民族被认为与古濮人相关，布朗族更被认为是濮人后裔。而澜沧江中下游地区居住的其他民族，由于其居地相伴野生古茶树群落，也大多对茶有着深刻的依赖。这些民族天生就对茶树怀有特殊的感情，建村必种茶。他们如江南地区农民对于水稻的执着一样，将茶作为其生计之依，信仰之基。这种执着使得居住在双江的布朗族、拉祜族和佤族在定居双江之

始就围绕其居住的村落栽培了大量的茶园。而由于这些民族比傣族更早定居，他们的茶园的历史也比傣族茶园更为久远。但是，受限于文字记载，这些茶园的年代并未在文献中留下确切的记载。而傣族土司统治之后开辟的茶园则被录入了民间和官方的史料之中，将勐库大叶种茶的出现定位到明成化二十年（1484年）。而实际上，双江的茶园不仅仅是这530余年的兴衰跌宕。

530多年历史的冰岛古茶园（袁正／摄）

合抱粗的古茶树（闵庆文／摄）

1. 一代土司的奢侈与享受

土司制度是一种领主制度，土地为土司所拥有，分封给族内或者有功的人员管理和使用，而居住于此的民众则是土司的奴隶。明朝时，中国西南大部分地区都处在土司统治之下。

在邦马山脉北段的半山腰上，有一个古老的傣族村寨叫作冰岛，傣语"扁岛"或"丙岛"，意思是用竹篱笆做寨门的地方。这里，就是土司选定的种茶之地。明成化十六年（1480年），勐勐土司罕廷发从悉博（今缅甸腊戌南部）到勐勐任地方官，在任48年，政绩突出。傣族也是爱茶的民族，傣族土司是傣族的贵族，对于茶的口感和享乐追求更高。明成化二十年（1484年），罕廷发手下受命去往悉博谢恩途中，发现有口味良好的栽培茶种。手下向罕廷发汇报此事，喜爱饮茶的傣族土司当即命人取回茶种，并在双江寻到一块适宜种茶之所进行栽培，派专人管理，仅供土司享用。这一引入的茶种逐渐适应双江勐库当地的气候、土壤等自然条件，形成了新的地方性品种——勐库大叶种，并造就了双江最为著名的贵族茶园。

据1980年双江自治县人民政府组织专家对冰岛古茶树考证，最大的一株古茶树，基根主干直径0.54米，株高20米，树冠覆盖面积9平方米，年产干茶百余斤，树龄鉴定为500年，这个活化石烙上了勐库大叶种茶发展历程的烙印，这些尚存的古茶树体现了勐库大叶种茶的古韵和历史。

冰岛村1号古茶树（双江自治县农业局／提供）　　冰岛村2号古茶树（双江自治县农业局／提供）

勐库镇古茶树资源概况

勐库镇是勐库大叶茶的故乡。位于双江自治县北部，地处东经99°46′21″～99°58′27″，北纬23°33′～23°49′。是双江县拉祜族佤族布朗族傣族自治县第二大镇，双江第二大政治、经济、文化、教育和商业贸易中心。东与临沧市临翔区圈内乡、博尚镇、勐驮乡一镇两乡毗邻，南与双江县勐勐镇、沙河乡接壤，西与耿马大兴乡交界。勐库镇总面积为475.3平方千米，境内山多坝少，山区面积占99.55%，坝区面积仅占0.45%，地势呈西北高、东南低，境内河谷交错、山峦起伏，河沟纵横。全镇辖16个村委会，103个自然村，157个村民小组，人口3万余人，其中农业人口2.9万余人，集镇人口1.2万人。境内聚居着拉祜族、佤族、布朗族、傣族、白族

等12个少数民族。勐库属亚热带山地季风气候，干湿季分明，昼夜温差大，立体气候突出，年日照2 400小时左右，年平均气温18℃，境内降水丰富，坝区年平均降水量1 065毫米，山区年平均降水量1 700～1 900毫米。

　　茶业是勐库镇的传统支柱产业，是农村经济和农民收入的主要来源之一。勐库有悠久的种茶历史，创造了独特灿烂的茶文化。由于勐库有适宜茶叶生长的气候和土壤条件，所以勐库辖区内生长着优良的勐库大叶茶树群体品种。目前全镇茶园面积4.3万亩（包括勐库华侨农场面积3 760亩），其中无性系高优生态茶园9 072亩，采摘面积36 052亩。全镇茶园，亥公5 085亩、那赛1 810亩、那蕉1 128亩、帮读640亩、坝糯1 305亩、梁子1 102亩、冰岛713亩、坝卡2 102亩、懂过3 282亩、大户赛2 502亩、公弄3 234亩、丙山6 262亩、帮改1 834亩、护东4 084亩、忙那2 482亩、城子1 463亩、华农3 760亩。茶叶鲜叶总产量8 000吨，总产值2 600万元。

　　勐库镇现有栽培型古茶园2 160亩，在西半山和东半山各村均有分布。最著名的是冰岛古茶园，明成化二十一年(1485年)，双江勐勐土司派人选种200余粒，在冰岛种植成功150余株。1980年查证时尚存第一批种植的茶树30余株。2002年3月调查，有根茎干径0.3～0.6米古茶树1千余株。冰岛古茶园的种子在勐库推广繁殖，形成勐库大叶茶群体品种。清乾隆二十六年(1761年)，双江傣族十一代土司罕木庄发的女儿嫁给顺宁土司，送茶籽数百斤，在顺宁繁殖变异后，形成了凤庆长叶茶群体品种。勐库大叶茶传入临沧县邦东乡后，最终形成邦东黑大叶茶群体品种。500多年来，勐库大叶茶从冰岛古茶园直接或间接向区内外、省内外、国内外大叶种茶区传播，仅临沧市就形成80多万亩规模茶园。

　　勐库野生茶树资源集中在勐库大雪山茶树群落。勐库大雪山野生茶树群落于1997年被发现，现存茶树群落面积达1.2万亩，是迄今世界上已发现的海拔最高、分布面积最广、种群密度最大的野生古茶树群落。

沙河乡古茶树资源概况

　　沙河乡地处双江拉祜族佤族布朗族傣族自治县西南部，东与勐勐镇相邻，南与沧源县团结乡隔江相望，西与耿马县四排山乡、勐撒镇毗邻，北与勐库镇接壤，面积413平方千米，山区面积 392.5千米，全乡辖11个村民委员会，1个社区居委会，88个自然村，124个村民小组。乡域内以拉祜族、佤族、布朗族、傣族、汉族等为主有14个民族，总人口28 522人。全乡地势西北高，东南低，最高海拔处为邦木后山，2 753米，最低海拔小黑江河谷，900米，相对高差1 853米，立体气候明显，全年平均气温19.5℃，年平均降水量1 010.9毫米，年无霜期352天，年日照时数2 223.3小时，形成了坝区炎热，半山区温和，高山寒冷的立体气候。

　　双江沙河乡古茶树资源分布零散，面积较小，主要分布于平掌村、营盘村、邦协、邦木等村寨，面积约4 080亩，古茶树大多数被砍伐后重新萌发，如邦木古茶树、邦协古茶树等。

2. 流离失所与重拾辉煌

　　元代以后，傣族进入双江，开始了对这片土地长达500余年的土司统治。当地居民租用领主的领地（或其他类别的田地），付出艰辛的劳

小黑江两侧绿树成荫（双江自治县农业局／提供）

动。茶园也是领主土地的一部分。在这样的制度下，各民族开垦了许多茶园，但未能形成规模化的产业。清代以后，俸黑大山的拉祜族与佤族不堪傣族土司压迫，曾先后三次发动起义。三次武装起义斗争均以失败告终。而在长达数十年的斗争中，作为起义主战场的俸黑大山中的拉祜族和佤族被打散，一些村落被遗弃，古茶园也风光不再，小黑江和澜沧江沿岸的茶产业几乎被摧毁。而傣族土司罕氏的实力也被大幅度削弱，土司司署被起义军围攻焚烧。到彭锟1903年带军进入双江时，罕氏土司已无力统治双江（勐勐）。

彭锟

彭锟（1854—1928年），原籍江西吉安，汉族。其曾祖在清嘉庆时来云南贸易，定居缅宁。彭锟奉命到双江平息民族起义后定居双江。

光绪十一年（1887年），上改心（今双江）拉祜族张秉权、张登发发动第二次武装起义。彭锟奉命参与顺云协副将陆春武装前往上改心参与镇压这次拉祜族起义，立有军功，云贵总督岑毓英保奏其为"巡析职"。

1903年，上改心拉祜族张朝文等再次发动起义。彭锟前往平息，再立战功。事后，云贵总督丁振铎委派彭为"普防巡队第二营管带"驻防镇边厅南栅。光绪三十三年（1907年），彭锟经云贵总督锡良保奏，以府经县城即用，加五品衔。此后，彭锟长驻并着手经营四排山地区。四排山归缅宁厅后，彭锟成为双江地域的实际统治者，掌握团练，监视勐勐土司，压制各种反抗。

1911年，彭锟辞官归家，弃政经商，创建白马银厂。1926年前后，他倡议设立双江县。

彭锟掌握双江军政实权约20年（1908—1927年），参加镇压两次拉祜族起义，也对开发双江采取了一些有效措施，削弱土司权利，实现改土归流。他稳定了社会秩序，发展了地方经济，传播了汉族文化，引进技术人才，开办实业，兴办学校。至今民间还流传着"彭大人"的故事。

1928年，云南省设立双江县，彭锟于同年病故。

（摘自《临沧地区志》）

新栽培茶树（闵庆文／摄）

中茶公司生产的普洱茶（袁正／摄）

1904年，双江改土归流后，彭锟成为双江的实际掌权者。此后，彭锟和他的儿子们在营盘、邦木等茶区开垦了大面积的茶园。在他的带动下，一些在清末进入并定居于双江的汉族商旅、乡绅和军政官员开始在双江各地划地种茶，于民国时期开垦大规模的茶园，并将勐库大叶种茶作为双江茶的主打品种，进行栽培和推广。勐库大叶种也正是在此时迅速的推广到临沧全境，并远至西双版纳、昆明等地，真正打响了其作为地方品种和地方品牌的美名。然而，在双江本地，受到历史影响，茶园已形成北部集中，南部分散的产业布局，勐库镇成为双江最为重要的产茶乡镇。

新中国成立以后，双江更是将茶产业作为地区发展和农民致富的重要产业加以扶持和推广，这一思路也得到了临沧市的支持和重视。1952年，中国茶叶公司在勐库建立首个茶叶收购小组，开启了双江茶的产业化之路。此后，中国茶叶公司、云南省茶叶公司等国有茶企在双江设立了众多的茶叶收购小组，使双江成为这些大型茶企业的原料生产基地。1960年，双江县成立茶叶局，将茶从农林部门中独立出来，进行更为系统的管理。1975年，双江县茶厂建成投产，双江开始建立自己的品牌，并销售成品茶。到20世纪80年代，云南省和临沧市数次派出茶叶专家和专业技术人员到双江指导茶园管理和茶叶加工。

　　1978年之后，双江各地的茶叶初制所开始承包给个人，私营化的茶叶初制所生产的毛茶质量参差不齐，茶叶品质逐渐难以保障。勐库茶市场逐渐变窄，散落双江的茶叶初制所相继破产。1982—1986年，云南省政府投入发展资金209.86万元，在双江发展勐库大叶种新茶园4.18万亩，改造低产茶园3.03万亩。双江也积极把自然优势转变为经济优势，把茶叶当作经济支柱产业来发展，开发利用勐库大叶种茶。

　　双江海拔1 100米左右的勐勐和勐库两个坝子，加上森林植被、温度、湿度和日照等自然立体生态环境，最适宜普洱茶的发酵和贮存，"人间之美在孝悌，普洱之真在自陈"，可以说，双江是云南普洱茶区中最适宜普洱茶干仓发酵的地方，有"天下普洱第一仓"之美誉，原产地原地仓储，是双江茶叶产业发展中最大的优势。

茶叶初制所（双江自治县农业局／提供）

发酵后的普洱熟茶（袁正／摄）

勐库商标（袁正／提供）　　　　　　茶叶生产车间（袁正／摄）

　　通过改革茶叶生产体制、增加投入、加强科技服务、扶持农民、建设高优生态茶园和改造低产茶园等一系列措施，双江茶叶种植面积不断扩大，茶叶产量不断增加，地方财政、茶企、茶农共赢。1984年，双江人戎加升在滚上山成立茶叶初制所，严格控制管理茶叶初制工艺，毛茶质量稳定，销量不断扩大。此后，他又成立了茶叶精制厂，并购双江茶厂，建立云南双江茶叶有限责任公司，并在永德设立分公司，专注普洱茶生产经营。2008年，戎氏公司被国家认定为"农业产业化国家重点龙头企业"，2012年，"勐库"商标荣获"国家驰名商标"。

　　截至2013年年末，双江全县累计茶叶种植面积13.946 6万亩，其中可采摘面积10.712 8万亩，毛茶产量7 820吨，精制茶7 058吨，实现茶叶工农业总产值5.96亿元。获得有机茶园认证954.2公顷，获得无害农产品茶叶产地认证5 388.7公顷。涉及茶叶生产经营的农业人口达13万人，占总人口的76.4%。有初、精制茶叶加工企业237户，其中，获QS认证25个，有国家级、省级龙头企业各1个，市级龙头企业3个。"十二五"末，全县累计茶叶种植面积1万公顷，年产毛茶产量1万吨。勐库大叶种真正成为双江茶的当家花旦，也重新成为双江茶农赖以生存的生计之源。

生态屏障 斑斓王国

三

云南双江勐库古茶园与茶文化系统

（一）
茶树群葱郁挺拔的风姿

1. 大跨度的茶树垂直分布

　　古茶树不仅具有生产性，还是双江重要的景观资源。古茶园是双江村寨景观的重要组成部分。双江自治县勐库镇地形为两山夹一河一坝，两山指邦马山和马鞍山，一河指南勐河，一坝指勐库坝，邦马山与马鞍山对峙，南勐河流经两山之间。双江自治县茶树树龄在120年以上的古茶园80%分布在勐库的东半山和西半山，东半山和西半山凡200年以上的古村寨村村都有人工栽培型的古茶园。同时，大量的野生古茶树、栽培型古茶园仍保持着古老的风貌。

满布山坡的栽培型古茶园（杨丽韫／摄）

　　双江自治县的野生古茶树群落、栽培型古茶园与现代生态茶园一起，覆盖了较大跨度的海拔范围。其中，野生古茶树群落主要分布在海拔2 000~2 750米的高山上，其中勐库大雪山古茶树群落是目前全球范围内发现的海拔最高的野生古茶树群落。人工栽培型古茶树主要分布在海拔1 050~2 500米，冰岛村人工栽培型古茶树分布于1 400~2 500

大跨度的茶树垂直分布景观（闷庆文／摄）

米。现代人工栽培型茶园在全县范围内均有分布，主要分布于海拔1 050~1 800米的山区与半山区地带。通过比较澜沧江中下游地区各市（地）古茶树资源现状，可以发现，临沧市古茶树资源以其分布面积大、海拔跨度广、种质资源丰富而在整个澜沧江中下游地区显得独具特色，而这种大跨度的茶树垂直分布集中体现于双江。

云南省澜沧江古茶树资源现状

州（市）	面积（公顷）	海拔（米）	类型	种质数量
西双版纳	8 700	760~2 060	人工栽培古茶园为主	3个茶系，7个种和变种
普洱	90 220	1 450~2 600	野生茶树和栽培型古茶园	2个茶系，4个茶种
临沧	17 034	1 050~2 750	野生茶树与人工栽培型古茶园	4个茶系，7个茶种
保山	4 000	1 200~2 400	野生茶树和人工栽培型古茶园	3个茶系，5个茶种
大理	上百株	2 300~2 450	过渡型古茶树群	不详
怒江	无			
迪庆	无			

2. 高密度的古茶树群落景观

万亩野生古茶树群落位于勐库镇大雪山中上部,主要分布海拔
2 200~2 750米的原始森林中,面积约12 000亩,经专家考证,茶园中
茶树树龄在千年以上,是目前国内外已发现的海拔最高、密度最大的古
茶树群落,具有极为重要的科学和保存价值,是珍贵的自然遗产和生
物多样性的活基因库。野生大茶树群落是茶树原产地重要的植物地理景
观。植被类型属于南亚热带季雨林,其主要标志为板状根较发达(如樟
科、壳斗科);木质藤冠群落十分显著(如南五味属);附生植物丰富
(如兰科、杜鹃花科和蕨类等)。其主要建群树种为木兰科、樟科、壳斗
科的种类并构成了一级乔木层;二级乔木层以勐库野生古茶树为优势,
此外有五加科、茜草科、桑科等树种;草本层主要以荨麻科等为代表。
勐库野生茶树群所处地是原生的自然植被,保存完好,生物多样性极为
丰富,且自然更新力强,在云南省有如此完好的原始植被非常少见。该
地区未发生过生物侵袭,植物组群处在最原始、最封闭的状态,植物遗
传性也最稳定,是构成云南野生茶树网络的重要部分。

同时,勐库野生古茶树群落具有茶树一切形态特征和茶树功能性成
分,可以制茶饮用,由于所处海拔高,抗逆性强,尤其抗寒性强,是抗
性育种和分子生物学研究的宝贵资源。它对进一步论证茶树原产于我国
云南以及茶树的起源、演变、分类和种质创新具有重要的价值。穿行于
古树、老藤间,探访深谷幽径,或饮一盏清茶,可感受大自然的灵性与
神韵,领略古茶树高洁的傲人风骨。

高密度的野生古茶树群落(袁正/摄)

3. 多样性的茶树生长形态

　　双江的古茶树景观不仅是成片的、规模化的大地景观，更有单株树木的绰约风姿。

　　在勐库大雪山中，当山间飘起云雾，古茶树的身姿若隐若现，空灵而飘缈。当云雾散去，古茶树便显现出它的风姿。一棵棵古茶树高大挺拔，昂扬直立，相互摇曳呼应。每一棵古茶树都是一道风景。

风姿绰约的野生古茶树（袁正／摄）

勐库大雪山中的茶树景观（袁正／摄）

　　而在古茶园中，人工栽培型古茶树有的高大，有的矮壮。由于不同茶园管理上的区别，造就了不同姿态的茶树。在冰岛古茶园中，古茶树多生长得高大粗壮，树高多在5米以上，主干粗壮挺直，枝杈挺拔向上，树幅宽大，枝叶茂盛，成团状，形似火焰，又似一颗巨大的茶果。这些古茶树大多生长在冰岛村下方的坡地上，有的伴着作物，有的伴着新栽培的小树，好似庇护着这些矮小的生灵。阳光透过茶树，斑驳地洒在地上，滋养着这些依赖茶林生长的小生灵。整个茶园显现出静谧的美感和蓬勃的朝气。

茶花与茶果（闵庆文／摄）

栽于坡地的古茶树（双江自治县农业局／提供）

　　500余年来，冰岛古茶园历经变迁。最初栽植的150棵茶树如今已所剩无几。现在冰岛古茶园中的茶多是后人栽培的古树，这些古树形成了今天的冰岛古茶园。而勐库东、西半山的茶园，在拉祜族、布朗族和佤族居民的共同努力之下一直被经营得有声有色。这些古茶园奠定了勐

库在双江的重要地位和产业基础，见证和记录了勐库的历史和变迁，向今人讲述着过往的故事。

此外，双江还有一种形态奇特的茶树，这种茶树叶片很少，主干和枝杈裸身无叶，形似藤条，有像柳树般低垂柔软的姿貌，双江人将这种茶称为藤条茶。据记载，双江清朝时已开始培植藤条茶。藤条茶是经过多年细心的采留、修整培植，将茶树塑成藤条状。这种藤条茶园在勐库东半山较为多见。

藤条茶茶树主干略细，枝杈细，分支很多，从树干较低处便开始分叉，显得树木敦实可爱，却又不影响宽大的树幅。藤条茶茶芽发出时长在每根主藤和岔藤顶端，一根藤条上只有两个芽，每个芽都圆实肥硕，鲜绿透亮。茶农采摘时只采一芽一叶，留下一芽第二轮再摘。藤条茶单产低，但鲜叶很嫩很规整，无老梗老叶，晒干后一个个芽头茸毛厚密，颜色银亮。

藤条茶茶园（双江自治县农业局／提供）

蔓延的藤条茶树（双江自治县农业局／提供）

（二）
茶园中斑斓多姿的生命

1. 野生古茶树群落中的生物多样性

（1）古茶树品种多样性

双江境内的勐库野生古树群落是目前国内外已发现的海拔最高、密度最大的大理茶种群落，它对进一步论证茶树原产于我国云南以及研究茶树的起源、演变、分类和种质创新都具有重要的价值。

按张宏达分类法，到1990年为止已经发现的茶组植物有44个种，3个变种，中国分布43个种，3个变种，而云南就有35个种3个变种，其中26个种2个变种为云南特有种。这些品种集中分布在澜沧江中下游地区，其中临沧是拥有茶种最丰富的地区，包括了野生茶种和栽培茶种7个，分属于4个茶系。

澜沧江中下游现有的主要茶树种

种或变种名	类型	分布地区
大理茶种	野生型	临沧、普洱、保山
滇缅茶种	野生型	临沧、普洱、西双版纳、保山
厚轴茶种	野生型	普洱
普洱茶种	人工栽培型	临沧、普洱、西双版纳、保山
茶种	人工栽培型	临沧、普洱、西双版纳、保山
勐腊茶种	人工栽培型	临沧、西双版纳、保山
大苞茶种	野生型	临沧
细萼茶种	人工栽培型	临沧
多萼茶种	人工栽培型	西双版纳
苦茶变种	人工栽培型	西双版纳
邦崴大茶树	过渡型	普洱

690

据考察，双江自治县境内古茶树共有3个种，其分布及基本状况见下表。

双江古茶树种类及分布

序号	古茶树名称	分布地点	外观描述	保护价值	生长状况
1	勐库大雪山1号古茶树	双江县勐库大雪山，北纬23°41'48"，东经99°47'48"，海拔2 700米	树高15米，树幅13.7米×10.6米，基围3.25米，一级分枝2枝	目前发现海拔最高，在当地最具代表性的野生古茶树	长势健壮
2	勐库大雪山2号古茶树	双江县勐库大雪山，北纬23°41'53"，东经99°47'59"，海拔2 648米	树高25米，树幅15.6米×12.0米，基围3.86米，一级分枝4枝，最粗一级分枝干围2.0米	当地最具代表性野生古茶树	长势健壮
3	勐库大雪山3号古茶树	双江县勐库大雪山，海拔2 638米	树高25米，树幅12.6米×12.0米，基围2.46米	当地最具代表性野生古茶树	长势健壮
4	勐库大雪山4号古茶树	双江县勐库镇大雪山，北纬23°41'53"，东经99°47'59"，海拔2 600米	树高26.3米，主干直径0.64米，其中，自山茶树高18.6米，主干直径0.6米。双株树干连生处干径1.05米	连体生长的野生古茶树（分别为大理茶种与豪自山茶种）	长势健壮
5	冰岛村1号古茶树	双江县勐库镇冰岛村，东经599°54'5"，北纬23°47'9"，海拔1 688米	树高6.5米，树幅3.3米×5.5米，基围1.15米，最低分枝高1.3米	地方品种优异资源	长势健壮

续表

序号	古茶树名称	分布地点	外观描述	保护价值	生长状况
6	冰岛村2号古茶树	双江县勐库镇冰岛村，东经99°54'10"，北纬23°47'4"，海拔1 703米	树高8.5米，树幅5.4米×5.5米，最低分枝高0.82米	地方品种，优异资源	长势健壮
7	冰岛村3号古茶树	双江县勐库镇冰岛村，东经99°54'10"，北纬23°47'4"，海拔1 663米	树高8.5米，树幅4.9米×5.5米，基围1.05米，最低分枝高0.72米	地方品种，优异资源	长势健壮
8	邦木村1号古茶树	双江县沙河乡邦木村，东经99°46'18"，北纬23°34'22"，海拔1 741米	树高7.5米，树幅5.3米×5.5米，基围1.18米，最低分枝高1.05米	地方品种，优异资源	长势健壮
9	邦木村2号古茶树	双江县沙河乡邦木村，东经99°46'18"，北纬23°34'22"，海拔1 727米	树高8.5米，树幅6.3米×5.5米，基围0.79米，最低分枝高0.23米	地方品种，优异资源	长势健壮
10	坝糯1号古茶树	双江县勐库镇坝糯村委会八村民小组，东经99°56'40"，北纬23°40'10"，海拔1 951米	树高8.5米，树幅7.8米×8.5米，基围1.3米，最低分枝高0.6米	地方品种，优异资源	长势健壮

序号	古茶树名称	分布地点	外观描述	保护价值	生长状况
11	坝糯2号古茶树	双江县勐库乡坝糯村委会八村民小组,经度99°56′40″,纬度23°40′10″海拔1 951米	树高8.5米,树幅7.8米×8.5米,基围1.30米,最低分枝高0.6米	人工栽培型古茶树代表性植株,品质优良	长势健壮
12	那赛村1号古茶树	双江县勐库镇那赛村,东经99°58′35″,北纬23°38′4″,海拔1 746米	树高4.8米,树幅5.6米×8.5米,基围1.32米,最低分枝高0.6米	人工栽培型古茶树代表性植株,品质优良	长势健壮
13	小户赛村1号古茶树	双江县勐库镇公弄村委会小户赛村民小组,东经99°49′23″,北纬23°40′21″,海拔1 701米	树高10.8米,树幅6.9米×5.5米,基围1.4米,最低分枝高0.35米。	人工栽培型古茶树代表性植株,品质优良	长势健壮
14	小户赛村2号古茶树	双江县勐库镇公弄村委会小户赛村民小组,东经99°82′67″,北纬23°67′42″,海拔1 682米	树高9米,树幅5.6米×5.4米,基围1.32米,最低分枝高1.2米	人工栽培型古茶树代表性植株,品质优良	长势健壮
15	小户赛村3号古茶树	双江县勐库镇公弄村委会小户赛村,经度99°49′35″纬度23°40′28″,海拔1 693米	树高6.0米,树幅4.1米×4.9米,基围1.2米,最低分枝高0.9米	人工栽培型古茶树代表性植株,品质优良	长势健壮

（2）其他生物多样性

双江自治县境内生物资源多样，动植物种类繁多，全县森林覆盖率65.5%。境内有62科145属288种植物资源，其中森林经济植物有：芳香植物21种，油料植物20种，纤维植物14种，树脂树胶植物6种，药用植物10种。植物分布混合交错，无明显的层次界限。

在海拔800米以下热性阔叶雨林地区，主要树种有麻栎、番龙眼、粗糠榕、大叶合欢、八宝树、千果树、千果橄仁、木棉、聚果格、橄榄、风吹楠、千张纸。海拔800~1 300米的暖热性阔叶林和针叶林地区，主要树种有旱黑黄檀、马榔、纯叶黄檀、火绳树、红木荷、羊蹄甲、黄楠花、合欢、扁叶榕、大叶榕、小叶榕、栎栃、盐夫木、算盘子、思茅黄檀、思茅松、青岗、麻栎、西南栎。海拔1 300~2 100米暖性阔叶林和针叶林地区，主要树种有栎类、山龙眼、樱花树、润楠、樟树、茶树、西南桦、桤木、杨梅、羊耳树、金丝梅、香须、云南松等。海拔2 100米以上温凉性阔叶林和针叶林区主地区，主要树种有栎类、桦木、木姜子、山胡椒、马蹄荷、楠木、槭树科类、桤木、杜鹃、山茶、云南铁杉、云南红豆杉、竹类11种、华山松等。

丰富的生物多样性（袁正／摄）　　高山杜鹃花（双江自治县文体旅游局／提供）

双江有野生动物87种，兽类40种，鸟类47种。绿孔雀、白鹇、原鸡、白腹锦鸡、红腹锦鸡被列入国家一、二级保护动物。植物资源有针叶林、阔叶林、针阔混合林62科、145属、288种。有植物药材81科、195种，其中重点药材有73科、151种，总蕴藏量达40万千克。菌类药材4科、7种；动物药材34科、38种。

2. 栽培型茶园中的农业生物多样性

双江勐库大叶种茶与茶文化系统是以茶为主体，包含多种农业经营类型的复合农业系统，除茶叶外，系统内有多种经济林果（如核桃、咖啡、坚果等）及多种粮食、油料作物。在海拔1 800米以上的特定地区还种植有当地水稻老品种"小梅谷""箐塘谷"等；当地玉米老品种"苏弯""临改白"和"小黄糯"等；还种植有当地老品种洋芋（马铃薯）。可见，系统内农业生物物种多样、丰富。

栽培型古茶园的自然生态条件良好，具有丰富的自然生物多样性和农业生物多样性，主要以粮食、蔬菜等农作物和落叶、常绿的乔木型树木相结合为主，还有经常出没茶园的家禽等。这些动、植物在茶园中的生长和活动，通过生物间的相互作用产生了有益于茶树生长的各种功能，降低了病虫害发生的概率，有助于茶地的光、水和养分平衡，并丰富了茶园产品的种类。

多层次的农业（袁正／摄）

水果（杨丽韫／摄）

双江农业生物多样性

类别	主要物种	人工栽培型茶园内农业物种
粮食作物	水稻（含传统品种"阳谷啊"）、玉米、番薯、荞麦、洋芋、小米、高粱、稗、大麦、小麦、燕麦等	玉米、洋芋等
经济作物	茶叶、咖啡、甘蔗、油菜、棉花、烟草、橡胶、胡椒等	茶叶、核桃
蔬菜	白菜、青菜、油菜、生菜、菠菜、韭菜、芹菜、芫荽、黄花菜、马齿苋、蒜、葱、茼蒿、蕨菜、茴香、莴苣、菱、慈姑、姜、笋、莲、黄瓜、冬瓜、丝瓜、茄子、葫芦、大豆、赤小豆、豌豆、青豆、短豇豆、扁豆、茶合豆、蚕豆、小黑豆、绿豆、豇豆、架豆、萝卜、豆薯、芋头、山药、番茄等	姜、黄瓜、冬瓜、蚕豆、豌豆、豇豆、大豆、赤小豆、萝卜、番薯、白菜、青菜、芫荽、蕨菜、山药等
水果	梨、桃、苹果（花红）、柿子、黄果、橘子、菠萝、香蕉、甘蔗、芭蕉、芒果、苹果、香木瓜、菠萝蜜、西瓜、龙眼、绣球果、马梨嘎、滇刺枣、番石榴、樱桃、橄榄、无花果、石榴、葡萄、枣子、梅子、木瓜、杏子、山楂、余甘子、枇杷、牛奶果、羊奶果、米油果、黄泡、香橼、鸡嗉子果、马柯等	橘子、香橼、柿子、芒果、龙眼、梨、桃、香蕉、马梨嘎、木瓜等
畜禽品种	猪、牛、羊、骡、马、鸡、鸭、鸽	鸡
鱼类等	青鱼、草鱼、鲢鱼、鳙鱼、鲤鱼、鲫鱼、泥鳅、鲶鱼、黄颡鱼、虹鳟鱼、淡水白鲳、鲈鱼、罗非鱼、鲟鱼、罗氏沼虾、大闸蟹、山瑞鳖、螺、中国结鱼、巨□、叉尾鲇、中华刀鲇、红鳍方口鲃、后背鲈鲤、石爬□、黄霜、临沧花鳅、宽额鳢等	无
药用植物	黄连、杜仲、当归、砂仁、三七、草果、肉桂、苏木、胡椒、槟榔、红花、党参等	神衰果、龙胆草、肉桂
纤维作物	葛藤、棉花、桑树	无
茶园种植树木	无	澳洲坚果、桤木、龙眼、香樟、肉桂、核桃、黄花梨、杉木等

（三）
天地间悠远孕重的福祉

1. 丰富的物产

（1）生计维持

　　云南双江勐库大叶种茶与茶文化系统除最主要的农产品茶叶外，还包括茶园内套种的其他农林作物，如芋艿、花生、龙眼、杜仲、黄花梨等。勐库大叶种茶又名勐库大叶茶、勐库种、勐库茶，属于有性群体品种，被我国茶叶界专家誉为"云南大叶种的代表""云南大叶茶品种英豪""'云南大叶种'正宗"，按植物学形态特征分类，属山茶属普洱茶种，勐库大叶种茶因品质优良而驰名中外。

　　2013年，双江全县茶叶面积139 466亩，采摘面积107 128亩，毛茶总产量7 820吨，精制茶总产量7 058吨。全县现有各类茶叶加工单位808个，茶叶精制加工单位32个，茶叶初制加工单位776个，仓储能力4 000多吨。全县销售收入千万元以上茶企业3个，销售收入500万元以上企业2个。这些茶企中，1个为农业产业化经营国家重点龙头企业（勐库

大树棉花（双江自治县文体旅游局／提供）

传统养殖业（双江自治县农业局／提供）

坝区农业（双江自治县农业局／提供）

渔业（双江自治县农业局／提供）

茶农整地（袁正／摄）

茶叶有限责任公司），3个为农业产业化经营市级重点龙头企业。全县共有43个农民茶叶专业合作社，127个（县内4个、县外市内3个、市外省内34个、省外80个、境外6个）茶叶销售网点。全县实现茶叶工农业总产值5.96亿元，涉茶农户27 632户，涉茶农业人口达12.3万人，占农业人口的82.36%。可见，双江茶产业不仅为当地人民的生计提供了保障，而且也是地方经济的主要支柱。

（2）茶园的原料供给功能

　　云南省双江勐库大叶种茶是茶叶精深加工业的重要原料。以大叶种茶鲜叶或成品茶为原料，从茶中分离和纯化抽提出其特效成分，或改变茶叶本质制成新的产品，如酚性物系列、维生素系列、茶色素系列、嘌呤碱系列、多糖体系列。此外，根据茶叶成分的药理功能和保健功能，以茶为主成分，加工生产各种药茶和保健茶等产品。还可利用茶叶中多种有机成分、微量元素及防病治病特效成分，作为食品的辅料进行综合性加工。目前，云南双江勐库茶叶有限责任公司、双江津乔茶业有限公司、云南双龙古茶园商贸有限公司等企业，围绕茶叶食品、饮料以及茶叶药用、保健功能等科目，利用现代生物、医药、食品加工等技术，成功开发茶多酚、茶氨酸等茶叶生物科技产品，发展袋泡茶、速溶茶、茶水饮料等，使双江茶产品加快向多元化、高端化迈进。

双江自治县茶叶精制加工企业汇总表

乡镇	数量（个）	主要产品	年加工量（吨）	年销售量（吨）	年销售额（万元）	员工数（人）
勐库	14	普洱茶	4 270		14 418	373
沙河	8	普洱茶、绿茶、红茶、乌龙茶	29 148	4 188	31 300	480
帮丙	1	普洱茶	30	10	80	14
双农	2	普洱茶				30
华农	3	普洱茶、绿茶、红茶	33 448	4 198	45 798	897
合计	28		66 896	8 396	91 596	1 794

不同类型的茶产品（袁正／摄）

（3）茶的保健、药用功效

普洱茶性温和，耐贮藏，适用烹煮或泡饮，有降脂、提神和解渴的作用，对人体健康十分有益，具有很好的保健效果。

茶叶含有丰富的营养素和药效成分，具有多种防治疾病的功能和保健作用，因而被称为天然的健康饮料。法国巴黎圣安东尼医学院临床教学主任艾米尔·卡罗比医生用云南大叶种普洱沱茶临床试验证明："云南大叶种普洱茶对减少类酯化合物、胆固醇含量有良好效果"。中国昆明医学院也对云南大叶普洱沱茶治疗高脂血病作了55例临床试验，并与降脂效果较好的药物氯贝丁酯治疗的31例对比，普洱茶的疗效高于氯贝丁酯。长期饮用大叶种普洱茶能使胆固醇及甘油酯减少，所以长期饮用大叶种普洱茶有治疗肥胖症的功用。饮用大叶种普洱茶能引起人的血管舒张、血压下降、心率减慢和脑部血流量减少等生理反应，对高血压和脑动脉硬化患者有良好治疗作用。大叶种普洱茶能调节代谢，促进血液循环，调节人体机能，有美容的效果，在海外被称为"美容茶"。

勐库大雪山野生茶茶底（袁正／摄）

唐·卢仝《走笔谢孟谏议寄新茶》

日高丈五睡正浓，军将打门惊周公。

口云谏议送书信，白绢斜封三道印。

开缄宛见谏议面，手阅月团三百片。

闻道新年入山里，蛰虫惊动春风起。

天子须尝阳羡茶，百草不敢先开花。

仁风暗结珠琲瓃，先春抽出黄金芽。

摘鲜焙芳旋封裹，至精至好且不奢。

至尊之余合王公，何事便到山人家。

柴门反关无俗客，纱帽笼头自煎吃。

碧云引风吹不断，白花浮光凝碗面。

一碗喉吻润，两碗破孤闷。

三碗搜枯肠，唯有文字五千卷。

四碗发轻汗，平生不平事，尽向毛孔散。

五碗肌骨清，六碗通仙灵。

七碗吃不得也，唯觉两腋习习清风生。

蓬莱山，在何处？玉川子，乘此清风欲归去。

山上群仙司下土，地位清高隔风雨。

安得知百万亿苍生命，堕在巅崖受辛苦！

便为谏议问苍生，到头还得苏息否？

布朗族老人饮茶（双江自治县文体旅游局／提供）

科学家通过大量的人群比较，认为饮茶人群的癌症发病率较低，而大叶种普洱茶含有多种丰富的抗癌微量元素，抑制癌细胞的作用更强。据测定，双江大叶种茶叶内含茶多酚21.2%，咖啡因2.59%，游离氨基酸3.9%，儿茶素4.03%，水浸出物35.4%。儿茶素类（尤其是EGCG*）具有很强的抗癌变和抗氧化活性。在适宜的浓度下，饮用平和的大叶普洱茶对肠胃不产生刺激作用，黏稠、甘滑、醇厚的普洱茶进入人体肠胃

---

* EGCG是表没食子儿茶素没食子酸酯，俗称绿茶提取物，是从茶叶中分离得到的儿茶素类单体，茶多酚生物活性的主要成分。

形成的保护膜附着胃的表层，对胃产生保护，长期饮用适宜浓度的大叶普洱茶可以起到护胃、养胃的作用。这是国内外崇尚饮用普洱茶的消费者称普洱茶为"美容茶"和"益寿茶"的主要原因。

2. 生态系统服务

（1）生物多样性保护

生物多样性是一定空间范围内多种多样的有机体有规律地结合在一起的总称。茶园生态中包括植物类、动物类（鸟类、昆虫类）及微生物类，种类多样、丰富，从宏观到微观，从动物到植物，它们相互依存，形成了错综复杂的生态系统。

古茶树群落位于澜沧江国家级自然保护区内，通过人工管控，一方面防止品种资源的退化和混杂，一方面防止其生境的恶化和改变，使得双江域内62科145属288种植物资源和87种野生动物资源得到有效保护。

由于农民对栽培型古茶园中的物种有意识地进行选择，使得茶园与同纬度地区农业物种相比，丰富度指数要高得多。因此，古茶园在生物多样性的保护上起着非常重要的作用。

茶区除茶树外，合理布置多种生物体，充分发挥农业生态系统自然调节功能，达到提高土壤肥力，控制茶树病虫草害，防止水土流失，提高茶树的抗逆御能力。茶园内，尤其幼龄茶树行间种植绿肥或铺盖草料，以促进土壤理化性状改良，提高土壤有机质含量和保肥、保水的能力，改善生态环境。

新建茶园或老茶园改造时，茶、林、路、水、牧统一布置。尤其是有目的地保留茶园周边原有树种和生物群体，充分利用路边、地角、沟边、塘（池、库）边，种植一些有益树种，如水冬瓜树等，并因地制宜地间种彬树等。同时园区内，在适当位置建立5～8米防护林隔离带。这些生态建设，对改善茶园小气候、调节温度、提高湿度、涵养水源、保持水土，吸引鸟类、昆虫栖息等有明显的作用。

新建茶园（杨丽韫／摄）

茶、林、路交错分布（袁正／摄）

（2）水源涵养

云南双江勐库大叶种茶与茶文化系统实施生态立体栽培：生态茶园采用高大乔木—茶树—绿肥立体复合的模式，根据所处地块的生态环境因地制宜，中间种植茶树，尽量保护茶园有的树林、植被，使茶园通过乔木种植遮阴达30%；地表绿肥或有根瘤菌的植物保水保肥，建成林中有茶，茶中有林的生态茶园。

茶园的立体种植模式（闵庆文／摄）

茶园可通过乔灌木冠层截留、草本和枯落物持水以及土壤非毛管空隙蓄水实现水源涵养的功能。通过野外调查发现，茶园乔木的郁闭度为30%，茶树的郁闭度可达95%以上，这样可避免雨水的直接冲刷土壤，并且能将降雨部分截留或者全部截留，从而减少地表进径流。据科学研究，立体种植茶园的0~20厘米土壤层非毛管孔隙度为16.30%，根据土壤储水量公式可计算得出，茶园20厘米深的土壤贮水量为32.6毫米。因此，双江茶园的生态立体栽培模式使茶园具有较高的水源涵养能力。

（3）气候调节与适应

　　云南双江勐库大叶种茶与茶文化系统具有气候调节功能。茶园中乔木的郁闭度为30%，茶树的郁闭度可达95%以上，高的郁闭度使茶园茶蓬表面气温比大田低3℃左右；乔木的遮阴、茶树及周围植被的蒸散作用使得茶园茶蓬表面空气相对湿度比大田高6%，从而使茶园微域生态湿度相对稳定。同时茶园生态系统通过园内植物的光合作用与呼吸作用与空气中的二氧化碳交换，释放氧气，对维持大气中二氧化碳与氧气的动态平衡、减缓温室效应起着不可替代的作用。

山中云雾来（袁正／摄）

(4) 土壤肥力的保持

茶园土壤是地面上能够生长茶树的疏松表层，它提供茶树生长所必需的矿物元素和水分，是茶树的生长基质，也是茶园的养分储藏库。双江勐库大叶种茶园传统土壤施肥是使用腐殖质较为丰富的"黑土"与茶园土壤进行调和，或将茶园杂草割下来晒干，然后埋回茶园土壤里沤制天然肥料，使得土壤养分得到较好的改善。据相关研究表明：杂草回填或凋落物能有效改善土壤的腐殖质层，使土壤中有机质大于2%，全氮大于0.1%，有效磷大于20毫克/千克，处于国家标准适宜茶树生长的范围，茶园矿质元素能够满足茶树的生长。传统的施肥方式对提高土层土壤肥力有良好作用，使茶园具有良好的土壤物理性状，从而加速了茶园土壤系统内的生物循环，保证根系对矿质元素的吸收，优化和提高了茶叶自然品质。

(5) 水土保持

茶园水土保持的功能主要表现在以下方面：乔木和茶树的冠层可以拦截相当数量的降水量，减弱暴雨强度和延长其降落时间；土壤渗透力强、枯落物能有效抑制地表径流的形成，增加土壤贮水量；根系和植被对土壤起到机械固持作用；茶园的生物小循环对土壤的理化性质、抗水蚀、风蚀能力起到改良作用。

调查研究表明，双江茶园系统植被覆盖率能达95%以上，以其茂盛的枝叶和地被物的综合作用，可有效防止土壤溅蚀发生。茶园系统

密植的茶树（袁正／摄）

枝叶呈多个层次遮蔽着地表,对雨滴下降时产生的动能具有分散和消能作用;在茶园中进行行间铺草覆盖,能有效减少或避免雨滴击溅侵蚀的发生。茶树根系发达,根的深度一般可达80~90厘米,根幅一般可达1米以上,可有效固持土体,防止面蚀、沟蚀的形成和发展。因此,成型的茶园可相当于一个小型的阔叶林生态系统,具有明显的水土保持功能。

3. 文化传承

在千百年的种茶、制茶、饮茶、品茶实践中,双江自治县境内各民族创造了灿烂的茶文化,茶叶的应用非常广泛,渗透到各民族人民生活的方方面面。这些与茶相关的少数民族文化也是茶文化系统中重要的组成部分。茶文化内涵丰富,包涵了各民族与茶相关的物质文化、信仰禁忌、制度文化、风俗习惯、行为方式与历史记忆等文化特质及文化体系。伴随着这些风俗,各民族的文化得以传承。

(1) 宗教祭祀用茶

双江信仰佛教的各族群众,为乞求村寨平安,人丁兴旺,六畜发展,五谷丰登,凡过了50岁的人,无论男女都要到佛寺纳佛、做赕、滴水等,而茶、米、盐是必不可少的赕佛贡品。傣族、佤族和布朗族信仰小乘佛教,在婚丧喜事、节庆、祭拜等活动,茶叶也充当着重角色。

茶,在拉祜族语言中为"腊",而拉和腊是谐音,所以,拉祜族把茶叶同本民族的祖宗联系在一起。各民族进行宗教祭祀活动时,茶为必需物品。拉祜族信仰基督教,大部分拉祜族村寨建有基督教教堂,每七天一次礼拜,宣讲经文、唱赞美诗、集中吃"圣餐"。所谓"圣餐"就是喝点茶水,吃点点心、糖果之类的食品,茶叶必不可少。每年的农历腊月三十晚上、正月十六早上和"火把节"晚上,人们都要将茶、盐、米、饭包好,扎上稻草、茅草人,做好竹木器枪、刀、弩,分别去拜祭山神、水神、树神,人称送鬼,乞求平安。拉祜族人打猎出发前,要用茶叶、盐、米先敬贡家神,乞求出师必胜;到山上选择野兽出没的山垭口,用茶叶、盐、米敬山神,求山神老爷恩赐猎物。

敬神以茶（袁正／摄）

（2）起房盖屋、搬新居用茶

拉祜族同胞都要将茶、盐、米包好，祭拜正房堂墙脚址或新房楼上，方才动工和入住，否则就不吉利，这些习俗仍在双江流传。

（3）敬客用茶

双江拉祜族、佤族、布朗族和傣族是十分好客的民族，把来客视为上宾，用茶待客是必不可少的礼仪，待客的第一件事就是敬茶。敬茶有敬茶的礼仪，妇女敬茶时，走路要小步轻盈，走到客人身旁要双脚并立、弯腰，双手把茶举过头顶，递给客人。俗话说：头茶苦、二茶涩、三茶四茶好敬客。所以头道茶汤一般是沥掉的，用二、三、四道茶汤敬客，要向客人敬完茶后，主人才能自己饮用。

以茶敬客（双江自治县农业局／提供）

（4）婚礼用茶

双江布朗族男女青年自由恋爱，订下终身，男青年告知父母，请媒人到女方家说亲。媒人要手提礼品到女家，过礼时要有茶叶两包，用红纸条扎封。男方上女方家迎亲时也要有茶叶两包，以示对女方家庭的尊重。

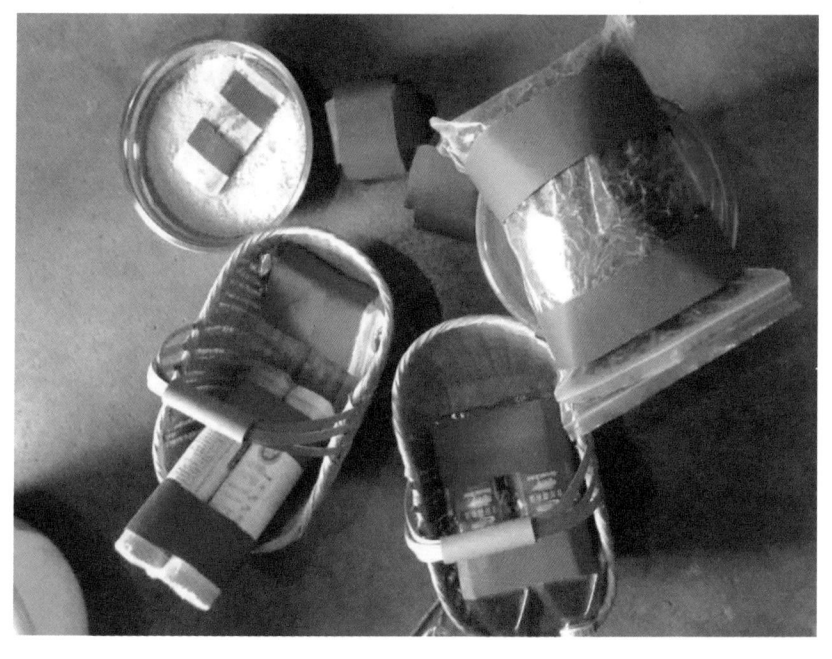

礼茶（双江自治县农业局／提供）

　　双江是典型的多元民族文化之乡，是全国人口较少的民族——布朗族文化发祥地之一。多民族、多元文化并存，是双江的显著特点。经过文物普查，发现了大量的石斧、铜斧、铸斧石范、铸针石范，这表明了双江在远古时期就有人类活动。从《后汉书·西南夷列传》所载资料来看，2000多年前，布朗族的先民濮人就已在双江生活。随着社会的变迁，双江已成为多民族、多元文化并存，民族、民间传统文化资源十分丰富的县，各民族之间相互影响、借鉴、渗透，民族文化异彩纷呈。各民族独具特色和魅力的语言、文学、艺术、歌舞、风俗以及节庆、宗教、服饰、饮食、建筑等民族文化资源，原始古朴，蕴藏了丰富的文化内涵，具有很强的吸引力和想象空间。

　　双江有悠久的种茶、饮茶历史。域内居住着的四个主体民族中，佤族、布朗族是土著民族，他们世世代代与茶相依相伴，孕育出各民族底蕴厚重、丰富多彩的茶文化。双江茶文化历史源远流长，各民族以茶为饮、引茶入药、用茶做菜，茶叶与生产、生活息息

游客被拉祜族纺织所吸引（双江自治县文体旅游局／提供）

相关。茶文化渗透在各民族生产生活的方方面面，祭祀、议事、结盟、交友、红事白事都离不开茶，他们视茶为经济支撑、健康良药、提神饮料、友谊纽带、文明象征，由茶派生出许许多多的文化，如茶祭、茶礼、茶俗、茶医、茶歌、茶舞、茶膳，构成内涵丰富的双江茶文化。

双江丰富的历史文化资源

双江历史文化资源独特，有国家级非物质文化遗产保护项目1项（布朗族蜂桶鼓舞）、省级非物质文化遗产保护项目4项（大南直布朗族保护区、邦丙布朗族纺织技艺、东等佤族鸡枞陀螺、拉祜族"七十二路"打歌）、市级非物质文化遗产保护项目7类21项、县级非物质文化遗产保护项目10类87项，有国家级非物质文化遗产传承人1名、省级非物质文化遗产传承人10名、市级非物质文化遗产传承人9名；有民族文化工作队1支、业余民族民间文艺宣传队120支。其中，东等佤族鸡枞陀螺曾获全国农运会特别奖，布朗族蜂桶鼓舞获全省农运会金奖。此外，还有市级文物保护单位6处，县级文物保护单位19处。主要历史古迹有：忙糯池塘村拉祜族文化中心遗址、浦家大院及浦世民起义宣誓旧址、白象寺、千冒烈士陵墓、大河湾吊桥、富王夹象沟战壕、邦协　林祭祀遗址、天生桥驿站遗址、那赛小村桥等。

（一）

拉祜族：古朴天然 烤茶暖心

1. 族源与历史

拉祜族是汉藏语系藏缅语族彝语支民族，是氐羌族群后裔。在民族语言中，"拉"为虎，"祜"为将肉烤香的意思。因此，拉祜族也曾被称做"猎虎的民族"。

澜沧江流域拉祜族支系

拉祜族是澜沧江流域居住的古老民族之一，有三种自称，即拉祜纳、拉祜西和拉祜普。这里的"纳""西"和"普"分别为"黑""黄""白"之意，所以中国境内拉祜族的支系分为黑拉祜、黄拉祜和白拉祜三支。在缅甸东部、泰国北部和老挝西北部，除了有上述中国境内的拉祜族三个支系以外，还有自称拉祜尼（红拉祜）、拉祜散莱和拉祜朋比利（葫芦拉祜）的支系。

（《临沧地区民族志》，临沧地区民族宗教事务局编）

新石器时代初期，现中国境内从中原到西北、西南、北方、东南沿海地区已遍布着许多的氏族部落，这些氏族部落进行着频繁的迁徙、对流。秦统一六国时发动了大规模的征服兼并邻近氏羌部落的战争，居住在甘青高原的一部分氏羌部落被征服而被融合，另一部分则向西部和西南地区流徙而进入西藏及四川、云南。进入四川、云南的这部分氏羌部落后来发展成了众多少数民族群体，拉祜族就是其中之一。

最迟到战国时代，拉祜族先民已迁入云南境内，并逐渐在今天的澜沧江、元江及红河下游两岸的山林地带居住繁衍，一些迁徙较远的拉祜族则跨越国界进入东南亚各国。至唐代，《新唐书·南蛮传下》中出现了"锅锉蛮"（拉祜族先民）的记载，锅锉蛮作为东爨乌蛮的一支，受南诏管辖。此后，史料中"锅锉蛮"这一称谓一直沿用至清代。

公元756年前后，南诏王阁罗凤西征寻传（今德宏阿昌族聚居区），祝拓东城（今昆明市），把西爨白蛮（白族先民）迁到大理一带，又把东爨乌蛮（彝族先民）迁到西爨白蛮故地。在这场大迁徙中，锅锉蛮因未进入农耕阶段，而未停留在西爨白蛮故地，而是继续向南迁徙，一部分渡过澜沧江进入今临沧的云县、耿马、双江等地，一部分沿哀牢山进入普洱的景东、景谷、镇沅等地和红河的金平、元阳等地及西双版纳的勐腊等地。

2. 拉祜族与茶

　　拉祜村寨选址中烙刻着深刻的生态思想，拉祜村寨多选在半山上部，临近溪水，背靠森林，茶园环绕。拉祜族村寨的选址保证了他们的居住地干燥、通风、日照时间长、蚊蝇少且疾病不易蔓延。除了种茶之外，拉祜族也是喜爱种水稻的民族，他们将稻田和园地与茶林交错，种在村寨周围，形成了一个个安静悠然的农业聚落。同时，一些拉祜族村寨为了防御外敌入侵，还在寨子周围种上刺藤和搭建竹棚。

拉祜族妇女采茶（双江自治县农业局／提供）

拉祜族的卡些

　　"卡些"是拉祜族传统社会组织形式。"卡些"即拉祜族村寨头人。明代以前，卡些是由女性担任的，清以后。拉祜族社会经济从游牧经济向农耕经济过渡，父权制代替母权制，卡些开始由男性担任。这种过渡直到20世纪初才基本完成。现在，还有很多拉祜族村寨以其建寨时的第一任卡些来命名，而寨名为女性名字的，通常建寨更久。

卡些不是世袭的，而是由全寨人推举产生。推举条件是办事公道，能率领大家从事经济活动，抵御外来侵害，有丰富的狩猎经验和生产知识。担任卡些是一种义务，没有任何特权和经济实惠。当卡些年老而不能继续率领大家从事生产活动时即选出下一任卡些。

在一些傣族统治的拉祜族聚落中，傣族土司在卡些之上设置"鲜弄"，或称"卡些弄"，意为大卡些，管束各村寨事务，并催缴傣族土司摊派的徭役、贡赋。18世纪以后，拉祜族人民为反对土司奴役压迫和清政府的残酷镇压，不断进行起义斗争。这种斗争一直延续到20世纪初，其结果是傣族奴隶制受到致命的打击，而拉祜族的卡些制度也失去了作用。

拉祜族喜饮浓茶。他们沏茶极为认真，先用陶罐放入茶叶在火上烘烤，然后加入开水，使茶的味道香醇、提神，十分容易上瘾。烤茶、火焯茶、火炭茶、丁香茶和雷响茶都是拉祜族有名的特色茶饮方式。在2007年举行的第二届中国云南普洱国际博览会"云茶杯"茶艺大赛中，双江拉祜族的《拉祜族丁香茶》茶艺表演获银奖。而在拉祜族各种人生礼仪和民俗活动中，茶也必不可少，其中以定亲茶、结拜茶和祭祀茶最具代表性。

拉祜族为客人煮"雷响茶"（双江自治县农业局／提供）

拉祜族茶俗

拉祜族同胞除生活和药用茶叶外，社会生活中用茶十分广泛。

①宗教生活用茶。拉祜族中有不少人信仰基督教，村寨中都建有基督教教堂，每七天一次礼拜，唱赞美诗、宣讲经文，之后要集中吃"圣餐"——喝点茶水，吃点点心、糖果之类的食品，茶叶必不可少。此外，拉祜族祭祀祖先必须有茶。

②祭祀、民俗活动用茶。拉祜族中有不少人信仰鬼神，认为人的阴魂可以超度成人，人要受各种神灵的保佑才能无病无痛，六畜受神保护才不被野兽侵害等等。因此，逐步形成习俗，每年农历腊月三十晚上、正月十六早上和"火把节"晚上，都要将茶、盐、米、饭包好，扎上稻草、茅草人，做好竹木器枪、刀、弩，分别去拜祭山神、水神、树神，人称送鬼，乞求平安。拉祜族是勤劳、勇敢、强悍的民族，远古时代以打猎为生。现在，每逢农历六月二十四日（火把节），住在山区的拉祜族都会自发地组织邀约，带上茶叶、盐、米、锅具和猎狗进山打猎。出发前，要用茶叶、盐、米先敬家神，乞求出师必胜。到山上选择野兽出没的山垭口，用茶叶、盐、米敬山神，求山神老爷恩赐猎物。村寨里起房盖屋、搬迁新居，拉祜族同胞都要将茶、盐、米包好祭拜正房堂墙脚址或新房楼上，方才动工和入住，否则就不吉利。这些习俗仍在农村流传。

③社交庆典活动用茶。社会交际、婚姻嫁娶、红白事情中，拉祜族都以茶传情，茶酒定事。比如在农村拉祜族同胞要同其他民族同胞结拜弟兄姊妹时，就必须带上茶、盐、米和一只公鸡到要结拜的弟兄姊妹家，请长辈老人主持仪式，泡上茶、宰杀鸡，并将鸡血酌量滴在茶水上，让结拜双方分别饮下鸡血茶，以结永世同心友好，有难同当，有福同享，并互相称双方的父母为爹、妈。又如拉祜族同胞在婚嫁中必须用茶三次。第一次是订婚，女方及全家都同意这门婚事，男方就派媒人带上茶叶两包、米20斤（10千克）、盐巴2斤（1千克，包两份）、酒10斤（5千克）左右、猪肉10～20斤（5～10千克）、烟2～4条到女方家过礼。第二次为吃过礼酒，女方在吃酒时要礼物，数量要是男方准备的双份，一份女方家留下，用于招待客人；一份要返还给男方家，以示有来

有往。吃过礼酒，主要是商订结婚的日子，俗称送日子贴，过礼金，并商定结婚时的具体事项。最后是结婚用茶。首先是男方讨亲时还必须带茶叶两包、红糖两斤（块）、烟两条、好酒两瓶，明子和大葱酌量捆起，新婚穿的婚衣、鞋等礼物，不论多少都返还男方家一份。其次，是男女双方必须准备足够的茶叶，既招待宾客，又要给讨亲或送亲的人泡茶敬茶，先饮茶水，再饮一杯红糖兑生姜加核桃仁制成的姜糖水，以示双方都辛苦，但一定能苦尽甜来。

（双江自治县农业局提供）

3. 民俗与艺术

拉祜族信仰万物有灵、崇拜多神的原始宗教及基督教。拉祜族的传统节日有搭桥节、芭蕉节、春节、清明节、火把节、尝新节、追鬼节等。每逢节庆，拉祜族唱歌、跳舞，通过多种艺术形式表达他们的祈祷、祝愿。

拉祜族的音乐舞蹈历史悠久，千百年来一直是拉祜族的精神寄托。它振奋了拉祜人的精神，鼓舞他们生存的勇气，维系族人的关系。拉祜族音乐有"古阔嘎阔"（叙事歌）、"噶嘿阔"（山歌）、"法达阔"（情歌）、"亚娜阔"（摇儿歌）、"亚叶阔"（娃娃歌）和习俗歌等若干曲调。乐器有吹奏、弹拨、打击三种。拉祜族舞蹈生动活泼，表达生活情趣，表现生产劳动的各种场面，模拟动物动作，具有极强的艺术感染力。其中，最有代表性的就是双江的七十二路打歌，已被列入云南省第一批非物质文化遗产保护名录。

拉祜族打歌（双江自治县文体旅游局／提供）

云南省非物质文化遗产
——拉祜族七十二套路打歌

拉祜族民间称打歌为"嘎克"，有近千年的历史。打歌多为群舞，由打歌师傅领舞，用葫芦笙、竹笛伴奏，有少量小三弦伴奏，风格独特，古朴豪放，潇洒诙谐，生活气息浓郁。每年农历二月八到七月半不打歌。拉祜族认为这一时间内，籽种在睡觉，如果以歌舞惊醒了籽种，作物会长不好。打歌跳起时，舞者围成圆圈，踏地跺脚起舞，沿逆时针方向转动，舞步多以踏、蹉、跺、抬、跳、转等动作组成，尤以下蹲、转身和下肢动作变化为主要特征。

打歌从"歌"的内容上分为农业生产劳动类舞蹈、日常生活性舞蹈、娱乐性舞蹈、飞禽走兽类舞蹈、人情世故类舞蹈和非农业生产劳动类舞蹈等6类。

双江七十二套路打歌为：三角歌、扫地歌、桌子歌、缓脚歌、靠山歌、比脚歌、小摆歌、一脚半歌、两脚半歌、前三脚后三脚歌、绕脚歌、打秋歌、找树歌、砍树歌、闷地歌、犁地歌、挖地歌、点包谷歌、耙田歌、摊田歌、搭埂歌、撒种歌、拔秧歌、栽秧歌、薅秧歌、割谷子歌、大姑子歌、舂碓歌、簸米歌、筛米歌、煮米歌、转饭歌、炕饭歌、舂辣子歌、喜欢歌、磨面歌、搅面歌、摇娃娃歌、追山歌、狗撒尿歌、老鼠翻身歌、青蛙歌、蚂蚱歌、斗鸡歌、斑鸠拾食歌、东弄秧鸡歌、搭棚歌、转圆歌、三起三落歌、鹌鹑歌、箐鸡摆尾歌、追画眉鸟歌、豆芽歌、喂猪歌、斗牛歌、左脚歌、哄脚歌、天亮歌、日出歌、洗脸歌、拆棚歌、出门歌、挂脚歌、吹闭芦歌、拉藤子歌、拜年歌、后脚歌、四脚歌、孔雀摆尾歌、合脚歌、敬你歌、大路歌。

（内容摘自以下两书：《临沧地区志》，临沧地区地方志编撰委员会编；《临沧市非物质文化遗产保护名录》，临沧市文化局编著）

拉祜族的文学体裁包括史诗、神话、故事、诗歌、寓言、笑话、谚语、谜语等。这些文学体裁靠拉祜人口耳相传，延续千年，经过不断地加工、创新和深化，日益完善。其中代表作为《牡帕密帕》《扎努扎别》《根古》等。

　　此外，在拉祜族的服饰、建筑和各类工艺美术品中，无处不体现着拉祜人对美的追求，他们喜欢日月山川、花鸟虫鱼、茶树叶和禽兽图案，认为它们寓意吉祥，他们的生活细节中无处不体现着拉祜族崇拜自然和对美好生活的向往。

拉祜族服饰（双江自治县文体旅游局／提供）

拉祜族妇女制作传统手工艺品（双江自治县文体旅游局／提供）

临沧市非物质文化遗产
——小户赛村拉祜族传统文化保护区

　　小户赛拉祜族村隶属双江自治县勐库镇公弄村委会，有两个自然村，分内寨和外寨。小户赛拉祜族为南诏、大理政权时锅锉蛮南迁中的拉祜纳支系。小户赛现存民居多为木结构杆栏式建筑和砖木结构半杆栏式建筑两种形制。至今仍保留着拉祜族择向、选材、竖柱、贺新房等建房习俗。服饰上，小户赛拉祜族服饰具有浓郁的民族特色，妇女服饰美观大方，色彩艳丽；男性则黑布包头或头戴圆顶瓜皮布帽。拉祜族男子铜炮枪不离身，长刀不离腰，弩不离手，背袋不离身。村内拉祜族信仰基督教。72路打歌传承至今，音乐舞蹈特色鲜明。

　　小户赛村背靠勐库大雪山古茶树群落，生态好，环境美。村内传统民居、宗教信仰、民族服饰、民间舞蹈保存较为完整，对研究拉祜族民间文化具有重要价值。

　　（内容摘自《临沧市非物质文化遗产保护名录》，临沧市文化局编著）

（二）
佤族：伴火而生 铁板弄茶

1. 族源与历史

　　佤族是南亚语系孟高棉语族佤德语支民族，源于中国古代西南地区的"濮"族群。先秦时，濮人部落就生活在澜沧江中下游一带。《逸周书·商书·伊尹朝献》记载："伊尹受汤命，于是为四方令曰：臣请……

正南产里（指今澜沧江下游一带）百濮、九苗，请令以珠玑、玳瑁、象齿、文犀、翠羽、鹤、短狗为献。"秦汉时，中原地区将濮和其他西南地区部落统称为"西南夷"，但此时濮人内部已分化出百越系统的濮和孟高棉语族的濮。孟高棉语族的濮又分为"苞满"和"闽濮"两大部落。此后很长一段时间，史书不见闽濮的相关记载。直到南诏政权将永昌郡划入统治之后，闽濮又分为"望蛮""望苴子蛮""望外喻"等几个部落。

佤族姑娘采茶（双江自治县农业局／提供）

佤族古称

先秦时期称"濮""憔侥"等；

两汉时期称"苍满""闽濮""哀牢"等；

唐朝时期称"望蛮""望苴子蛮""望外喻"等；

明、清及"中华民国"时期称"蒲蛮""蒲人""嘎喇""喻瓦""狂瓦"等。

（摘自《临沧地区民族志》，临沧地区民族宗教事务局编）

临沧佤族支系与自称

　　佤族自称"巴饶"，意为山地人、森林中央的人。双江自治县的佤族多属于这一支。此外，少数佤族自称"斯佤""阿佤"，主要分布在凤庆、永德、镇康等地。沧源自治县的少数佤族自称"腊家""勒佤"，前者主要分布在班洪、班老、南腊等地，后者分布在靠近西盟和中缅边境的地区。

　　（摘自《临沧地区民族志》，临沧地区民族宗教事务局编）

　　佤族在临沧境内居住历史悠久。魏晋南北朝时期，永昌郡下设永寿县，其地域为耿马及附近广大地区，为佤族居住的地方。《云南志·蛮书》记载："望苴子蛮，在澜沧江以西，其人矫健，善于马上枪铲，骑马不用鞍，跣足，衣短甲才蔽胸腹而已"。澜沧江以西，正是临沧的双江、耿马、普洱的澜沧、西盟和孟连一带，也是佤族一直以来的聚居区。《明史·土司传》也有载："顺宁府本蒲蛮地"。民国时《顺宁府志》又载："蒲蛮为顺郡最早之土著无疑"。而双江的勐勐，傣语意为"孟人居住的地方"，孟人即特指佤族。这些文字记载和地名语义都说明佤族是双江的土著民族之一。

　　现在，双江佤族主要分布在沙河乡、邦丙乡、勐勐镇和勐库镇等地，佤族人口占全县总人口的8%左右。

2. 佤族与茶

　　作为濮人的后裔，佤族与茶树的关系溯源悠远，密不可分。在最初发现、利用、驯化茶树的过程中，很难说具体是哪个民族最早。但澜沧江中下游地区，作为茶树起源、驯化的中心区域，居住于此的各民族在茶树利用、驯化的进程中都必然产生了重要的作用。在佤族的语言中，对茶树的称谓包括"缅"和"腊"。缅意为万古长青树，即指野生茶；腊指人工栽培茶。佤族人通过词汇的区分表达了他们对于茶树的分类，也表明了他们对于茶树的重视。

佤族村寨（双江自治县农业局／提供）

在佤族的神话中，人类始祖玛农从司岗里山洞中走出，所见的第一种食物就是茶。从此，佤族人将茶作为药物和食物。将茶树看做自己的祖先，更是将其神化，作为崇拜对象进行祭祀和供奉。直至今日，佤族还用生茶叶来治疗许多疾病。后来将茶作为饮品，佤族人逐渐创造出许多独具特色的饮茶方式和习俗，如鲜叶茶、火炭茶、生煮茶、竹筒茶、石板茶、茶胶、纸烤茶、铁板茶、盐咸茶、过夜茶等。而茶树，则是佤族自然崇拜的重要内容。

佤族的"石板茶"（双江自治县农业局／提供）

佤族对茶的崇拜

　　在双江佤寨，佤族群众普遍信仰原始宗教，认为神灵无处不在，山有神、地有神、树有　、水有龙，每村每寨都要选一座山为神山，选一片靠近村子的树林为"　"树林，选一棵参天大树为　树，每逢节日或小孩出世三天、七天都要带上茶叶和盐前往祭拜，以求寨人、家人平安。每年农历二月初八，家家户户都端上猪肉、鸡肉、茶叶、米饭、水酒前往"　"树林和　树脚进行祭祀活动，求神灵保护人丁兴旺，五谷丰登。当然也有因久病不愈、家畜不顺、事业挫折等去祭拜，祈求身心健康，家庭兴旺。另外佤族说媒及定亲嫁娶必送茶叶，别的礼品可以忘拿忘带，但茶叶不能不拿，佤族老人认为，茶就是祖先，祖先就是神灵，人们嫁娶是为了繁育后代，如果不用茶，就不吉利，即使成亲也不会生儿育女，断了祖宗香火，祖宗神灵就会怪罪现在的人，使人疾病缠身。因此茶叶是嫁娶必备礼品。

（双江自治县文体旅游局提供）

　　茶也是佤族人必不可少的日常饮品。他们最喜欢喝的是苦茶。用于煎、煮茶的小土罐，佤语叫"俄拉"，意为"茶锅"。制作苦茶时，佤族人先用抖炒黄茶叶，然后放水煮10分钟。苦茶茶水呈红褐色，苦味浓烈，回甘温润。

俄拉（双江自治县农业局／提供）

在许多重要场合中，如节日、庆典、祭祀、人生礼仪等，茶都是重要的用品。一些重要的场合有专门"走茶"的人。他们用小茶碗倒入茶水，每次每人喝2、3口。走茶通常在敬酒之后进行，体现了佤族茶酒不分家的生活习俗。茶在佤族村寨中不仅用于自饮和待客，还作为礼品赠送。佤族的传统习俗中，村落对外事务用茶、烟或甘蔗进行馈赠，是友好的表示。

佤族饮食（双江自治县农业局／提供）

3. 民俗与艺术

佤族，对于多数人而言陌生而神秘。揭开朦胧的面纱，我们可以看到佤族人的质朴、热情和他们悠然而欢愉的生活。

佤族信仰万物有灵，有图腾崇拜、祖先崇拜、鬼神崇拜、自然物崇拜、火崇拜等传统。祭祀是佤族人生活中十分重要的活动，在与傣族接

佤族祭祀（双江自治县农业局／提供）

触较多的地方，还有佤族人信仰南传上座部佛教，其宗教信仰、习俗与傣族类似。

　　双江佤族传统住宅为竹木结构，以落地式为主。一般顺山势而建，十分整齐，远观佤族聚落就像在欣赏一幅返璞归真的山水画卷，宁静悠然。住宅墙体用木板或竹笆制作，以草片铺顶，5年更换。错梁开门，正门后墙根放水罐、葫芦、竹筒等，旧时还设有灵堂。火塘通常在房内的左侧。住宅内还分有厢房和耳房，为家中成员住宿、待客和堆放杂物用。

佤族民居（双江自治县农业局／提供）

　　佤族妇女以长发为美，用彩线梳头，喜戴绒花，穿长裙，佩银饰。饰品以大件为佳，不仅是象征财富，更通过各种图案表达佤族人对于万物的认知，是十分漂亮的工艺品。佤族姑娘还带项圈，穿白上衣、黑裙子。衣着色彩对比强烈鲜明，美丽而奔放。男子则为黑色服饰加头巾，有的佩戴银质项圈和手镯。历史上，佤族男子黑衣银饰，背挎包，挎长刀，扛猎枪，赤脚。虽然随着生活改善，这种经典的佤族男子装束再难见到，但是作为符号意象却已深入人心，表达着这个民族彪悍而热烈的性格。

佤族男子服饰（双江自治县农业局／提供）

　　佤族的农业比较粗放，多种植"雨水菜"。为了便于储存，佤族人善于制作干菜，吃法也很多。佤族喜食酸、辣、苦，多为凉拌，以苦肠为最佳拌料，也喜欢使用阿佤芫荽作为辅料。鸡肉烂饭、鼠肉稀饭、蘸水稀饭、绿豆才、小黄散叶汤、牛苦肠稀饭、鱼肠肚稀饭、烧烤等都是双江佤族极具特色的饮食。而佤族人喜爱饮酒、饮茶，喝山泉水，这是民族饮食文化中不可缺少的重要部分。

酸笋小饭豆生（双江自治县农业局／提供）

佤族的神话故事、歌舞、节庆也是佤族的风俗和美学表达的重要方式。佤族神话《司岗里》是广泛流传的关于人类起源的传说。佤族人认为，人是从葫芦中走出的，经历了迁徙、融合，成为不同的民族。这一传说描绘了佤族先人的生存环境、山川自然、人文歌舞等，是佤族的史诗。佤族的音乐主要以民歌形式呈现。四排山地区的佤族民歌粗犷古老，内容紧密结合生产和生活，有山歌、情歌、玩调、劳动歌曲、风习歌曲、歌舞曲和儿歌等。乐器主要有木鼓、象脚鼓、葫芦笙、

佤族陀螺（双江自治县农业局／提供）

竹笛、三弦、铜鼓、铓锣等。舞蹈则有祭祀舞蹈、喜庆舞蹈和劳动生产舞蹈等。其中，著名的是木鼓舞、甩发舞、竹竿舞等。佤族的传统节日包括拉木鼓节、接新水节、取新火节、播种节、新米节、贡象节、青苗节、火把节和春节等。信仰南传上座部佛教的佤族还过堆沙节、开门节与关门节等节日。

国家级非物质文化遗产——佤族木鼓舞

木鼓是佤族人传说中的通天神器，是佤族历史文化和佤族民间歌舞的象征。它与沧源佤族崖画中"围圈、挽手，对称运动"的节律一致，是佤族千年古老艺术的延续。

佤族民间认为木鼓舞的起源与生殖崇拜有关。据说一个部落王娶了九个妻子都不能生育，于是在天神的指点下用花桃树制成象征女性生殖器的木鼓，再用象征男性生殖器的鼓棒敲打祈祷，第二年，他的九个妻子就都怀孕生子。从此，佤族把象征男性生殖器的

寨桩立在寨子中心以示权威，而将木鼓供在木鼓房，以示慈爱。佤族人通过祭木鼓、跳木鼓舞祈求人丁兴旺、祛病消灾。

佤族木鼓舞包括拉木鼓舞、锣舞、剽牛舞、刀舞、甩发舞、跳木鼓房舞、迎头舞、供头舞、送头舞等。木鼓舞有联袂踏歌、围圈、对称等特点，边歌边舞，具有程式化，韵律感强。木鼓的鼓声震撼人心、激情飞扬，音乐深沉古朴、浑厚有力，舞蹈粗犷狂野、热情奔放。

（内容摘自《临沧市非物质文化遗产保护名录》，临沧市文化局编著）

佤族竹竿舞（双江自治县农业局／提供）

佤族甩发舞（闵庆文／摄）

（三）
布朗族：自承茶祖 与茶共生

1. 族源与历史

　　布朗族源于古代百濮族群。汉、晋以前，居住在澜沧江流域及以西地区的哀牢人，即为濮人。东汉以后，哀牢地区的濮人又被称为"闽濮"。到唐代，哀牢人分化成不同的族群，其中的"朴子蛮""濮子蛮"，居住在当时的永昌、银生（今临沧与普洱）一带。清朝时称为"蒲蛮"。民国时一般称为"蒲满"。据史料记载，布朗族先民在双江县内定居的时间最晚也是唐代，甚至更早。历史上布朗族有游猎时代，唐代的樊绰在《蛮书》中写道："濮子蛮，勇敢矫健，善用泊箕竹弓，深林间射尽飞鼠，发无不中"；"无食器，以芭蕉叶藉之"。明清时代的文献说，蒲人已从事刀耕火种的农业。

布朗族（双江自治县农业局／提供）

　　双江的布朗族是当地的土著。当地布朗族传说，小黑江边的赛罕寨是布朗族最古老的村寨。这个寨子原来布朗语名为"额里蓗"，是一个首领的名字。寨中现存的石制残垣和红色粗陶器、石斧等，足以证明早在三千多年前就有大量的土著民族生息繁衍，寨里有谚语说"自有人类以来，我们就住在这里"。而在当地的傣族传说中，在傣族定居勐库之前，有过一个很大的布朗族村寨，叫"满子城"。在现在的忙糯等地，还有蒲满大田的地名存在。傣族和拉祜族都承认布朗族是居住在双江最早的民族。

　　直到今日，双江仍是布朗族的重要聚居地，布朗族主要居住在澜沧江、小黑江沿岸的中山河谷地带和西部的四排山区。

四排山双江与耿马界碑（双江自治县农业局／提供）

2. 布朗族与茶

　　布朗族种茶历史悠久，中低海拔地区均有种植。在布朗族村落中，茶树散落在房前屋后。有的在村头，有的在田间，有的则集中成片的生长在村子周围。布朗族饮茶的历史极为悠久，古文字"濮"就是以人手托茶的意象存在。双江布朗族的传统民居为木屋架草平房，形制古旧。一些房屋内饰有以茶为抽象元素的装饰。

布朗族民居（袁正／摄）

布朗族采茶女（双江自治县农业局／提供）

　　布朗族喜爱喝茶，古茶树采摘下来的鲜叶经过晾晒而成的青叶，就是布朗族最喜欢的饮品。竹筒茶、青竹茶、酸茶、竹筒蜂蜜茶、煳米茶等是布朗族的待客佳品，是民族茶艺的具体展现。在2007年第二届中国云南普洱国际博览会举行的"云茶杯"茶艺大赛中，"布朗族煳米香茶"获金奖。

糊米茶（双江自治县农业局／提供）

竹筒蜂蜜茶（双江自治县农业局／提供）

布朗族茶饮方式

布朗族茶饮方式多样，常见以下几种：

①竹筒茶。布朗族有制作竹筒茶的传统，制作方法是：将鲜嫩的茶叶摘回来后，砍来龙竹，最好是甜龙竹，做好竹筒，筒底部留竹节，另一头去掉竹节做筒口，洗净，然后烘烤茶叶，趁热塞入竹筒中，边塞边压紧，封口，将竹筒置于火上烘烤，当竹筒烤焦，筒内的茶叶也已烘干，竹筒茶制作方便，可就地取材，只要掌握火候即可。竹筒茶清香浓郁，让人回味无穷，流连忘返，久放不走味、不变质。

②竹筒蜂蜜茶。布朗族同胞性情温和，历来重视生态环境，养蜜蜂、酿蜂蜜是他们的传统。在长期的生产生活实践中，布朗族形成了竹筒蜂蜜茶的制作和饮茶习俗，据说只是接待贵宾才偶尔制作。当贵客光临，主人就摘来鲜嫩的茶叶，砍来新鲜的竹筒，将茶叶塞入竹筒在火上慢慢烘烤，在竹筒内将茶叶蒸熟，而后将竹筒内的茶叶倒入茶碗或茶杯中，加入蜂蜜，再冲入烧沸的开水，用竹筷轻轻搅动。这时满屋飘香，一碗竹筒蜂蜜茶就捧到贵客面前，有竹子和茶叶的清香，再混合着蜂蜜的甜味，常令客人赞不绝口，主人热情好客尽在不言中。

②土罐茶。布朗族用土罐煮茶较为普遍，同其他民族的烤茶、煮茶的方法大同小异，只是敬茶礼节稍微不同，即将煮好的茶水倒入茶盅后，先敬本村的头人，再敬长辈和客人。

③"煳米茶"和"明子茶"。煳米茶的制作方法：先把茶罐放入火塘中烤热，放入适量糯米烤黄，再放上茶叶同烤，加入开水，再放入事先切好的通关散、甜百解、姜片，还有从山上采回来的扫把叶。待上述各种原料煮沸后再加入红糖，红糖溶解，茶水澄黄，香味诱人。明子茶的做法与煳米茶类似，只是以松明子取代通关散、甜百解和扫把叶即可。

④酸茶。布朗族制作和食用酸茶历史悠久。酸茶制作方法：将采回的鲜叶煮熟，加上盐、辣椒、生姜等配料搅拌，装入竹筒或陶坛罐内，用笋壳封口扎紧，放置发酵至发酸，即可食用，也可用开水冲泡作饮料。有些老年人喜欢当零食直接放入口中咀嚼，据说能治口腔疾病。

布朗族最初是将茶作为药材使用的。在布朗族看来，茶能够治疗许多疾病，这不仅在布朗族的传说和故事中有大量的体现，还体现在现代布朗族认为吃茶是布朗人长寿的秘诀上。因而，布朗族不仅日常喝茶，还以茶为原料创造出多种特色菜品。

布朗族茶餐（双江自治县农业局／提供）

普洱茶煮豆腐干、青茶椿牛肉（双江自治县农业局／提供）

3. 民俗与艺术

布朗族原本信仰万物有灵的原始宗教，但受到傣族影响，双江的布朗族多信仰南传上座部佛教。这就使双江的布朗族在村寨的构建和住宅的装饰上多了与佛教相关的元素，产生了与其他地区的布朗族的差异。他们所过的节日也受傣族、汉族的影响，除了布朗族的传统祭祀和农耕

节庆外，双江布朗族还过泼水节和春节。而他们喜爱的食物也近似于当地傣族的口味，以酸、凉为主，酸笋、剁生、鼠肉、鸡肉烂饭，都是布朗族喜爱的食物。

布朗族的纺织与染布历史悠久。汉唐以来，哀牢地区的"橦华布"和"帛叠"驰名中外。橦华布以木棉织成，而帛叠以草棉织成。布朗族人自种草棉，收获后加工成布，以蓝靛染色、纺织，制成舒适耐用的民族服饰。在织布的过程中，男女分工合作，仿佛演奏一曲乐章。布朗族女性以银饰装扮，朴素而灵动。布朗族纺织技艺已被列入临沧市非物质文化遗产名录，而邦丙村布朗族纺织工艺之乡则被认定为临沧市民族文化之乡。

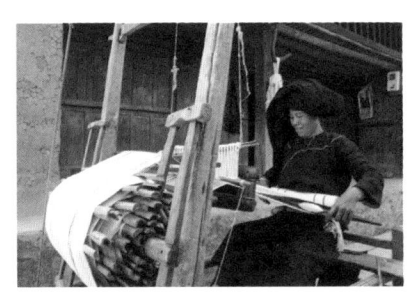

布朗族插花节（双江自治县文体旅游局／提供）

布朗族纺织（双江自治县文体旅游局／提供）

双江布朗族传统住宅是木结构、草屋顶"罩笼"式房屋，厅内正中设置火塘，有炕架，铺篾笆烘烤粮食、茶叶。除了住宅外，双江布朗族保留了许多民族传统风俗，如小家庭式的家庭结构，传统婚俗、生育习俗、丧葬习俗、节庆和禁忌等。双江布朗族还保留了布朗族风格独特的歌谣和传说。歌颂布朗族历史的歌谣讲述了双江布朗族从孟茅（新地方）迁徙到双江的故事。此外，还有极具布朗族风格的情歌和儿歌，也称为布朗调。

布朗族土布（双江自治县文体旅游局／提供）

布朗族老宅（双江自治县文体旅游局／提供）

布朗族弹唱（双江自治县文体旅游局／提供）

蜂桶鼓舞（双江自治县文体旅游局／提供）

布朗族的民歌曲调与傣族相同。布朗族喜欢歌唱，背水和背柴时也会唱歌。布朗族的乐器小米箫极具特色。小米箫用一种竹子制成，中间留一节，上端短，下端长，节间不打通。将节的一侧削平，在节上、下各凿一个孔，再用蜂蜡粘在两个孔的外面，两个孔之间有少许间隙，形成共鸣腔。节下另一侧开5个孔。吹奏时，口含上端吹气，两手按5个孔吹奏。用小米箫在放牛和守地时吹奏的曲调称为牛调和守地调，是布朗族代表性的曲调。

布朗族舞蹈最具特色的就是蜂桶鼓舞，布朗语称为"克广"，意为跳鼓。蜂桶鼓，直径25～30厘米，高70～80厘米，以攀枝花树或柳树挖空树心，两端蒙上生牛皮制成，形似蜂桶。鼓棒一段缠绕彩色布。蜂桶鼓舞是一种群众性舞蹈，由两名年轻男子在前面跳帕节（手巾）舞引导，后为蜂桶鼓队，再后跟两只象脚鼓，后跟三名敲铓者，之后是跳舞者，最后是助兴群众。跳到开阔地带，全体围成一个圆圈，两只象脚鼓在圈内斗鼓，斗鼓结束继续前进。蜂桶鼓舞节奏明快热烈，动作潇洒活泼，群众舞姿轻盈柔和。双江的蜂桶鼓舞恢复了一些已经失传的传统技巧，曾多次获奖，已被认定为第二批国家级非物质文化遗产。

云南省非物质文化遗产
——大南直布朗族传统文化保护区

大南直村地处邦丙乡东北部，海拔860～1900米，位于澜沧江沿岸峡谷地带，属热带山地。下辖大南直、忙应、大梁子三个布朗族村寨。根据文史资料记载，双江布朗族先民定居时间最晚不迟于唐代。

大南直村布朗族原始信仰特点突出，祭祀活动频繁，婚恋和节庆风俗严格遵循传统，男女老少均喜爱本民族服饰，且多由自己纺线织布制成。妇女包黑色头巾，头巾修饰略成梭形。男女均系腰

带，女性佩戴银饰，少数老年男性戴耳环。大南直村布朗族民居还保留有木结构、草屋顶的罩笼式房屋。传统歌谣、神话故事、音乐和蜂桶鼓舞在村内都有较好的保留和展现。布朗族各种原始活动中，祭 最为隆重，这体现了布朗族敬畏和保护自然的生态观。

<h1 style="text-align:center">（四）
傣族：火罐留香 土司之享</h1>

1. 族源与历史

傣族是汉藏语系壮侗语族壮傣语支民族，属"百越""滇越"后裔。现临沧境内，早在秦汉时就有傣族先民居住。在唐代文献中，将傣族先民称为"茫蛮"。《蛮书》中记载："茫蛮部落并是开南杂种也"。开南即泛指今景东、景谷、临沧、云县等地。但此时双江境内，几乎没有傣族居住。

傣族（双江自治县文体旅游局／提供）

　　公元955年，勐卯（今瑞丽一带）首领任混巴武藤为"召"，统治孟定、耿马、镇康等地。此后的300年中，勐卯傣族发展壮大，建立了稳固的土司政权。元至顺元年，思伦发派军攻占了澜沧江以西的广大地区，包括今双江。而双江的傣族，最初是这一时期从勐卯迁入的。当时，勐卯统治者派遣罕甸到勐勐，建立村寨，发展生产。20年后，傣族在双江的统治从勐库推进到勐勐坝子的南勐河西岸，建立勐景庄。与此同时，河东傣族建立勐允养。1472年，耿马土官发兵攻占勐景庄、勐允养和勐库，将勐景庄与勐允养合并，称勐勐。此时，又有一些的傣族从耿马迁入双江。景谷等地的傣族也在此时前后流过澜沧江迁入大文、忙糯等地，从而形成了傣族在双江勐勐、勐库和澜沧江沿岸的三大聚居区。

　　清中叶以后，俅黑大山的拉祜族、佤族多次发动武装起义，反抗傣族封建领主统治，致使双江傣族大量外迁，多移居至耿马。

傣族村落（双江自治县文体旅游局／提供）

傣族的自称与他称

　　傣族自称"傣"。古有"茫蛮""僰夷（人）""百夷""摆夷""白衣"等他称。临沧地区的傣族多属"傣泐"，他称"汉傣"或"旱傣"。居住在半山区肤色较黑的傣族有称"傣徕"，意为"山傣"。还有一部分从西双版纳迁来的傣族自称"耿傣"。

　　（摘自《临沧地区民族志》，临沧地区民族宗教事务局编）

2. 傣族与茶

　　傣族的农业以水稻、水果和经济作物的种植闻名。茶并不是傣族中最有代表性的产品，但却是传统的种植作物之一。这是由于不论是傣族民众，还是土司，都将茶视为生活的重要调剂。而生活在山区的傣族支系，茶更是他们主要的生计来源。傣族作为澜沧江中下游众多民族中少数有文字的民族之一，在其历史中对茶的栽培和利用，有着许多明确的记载。

勐勐土巡检

　　在历史上很长一段时间，傣族实行土司制度。各地的土司政权组织形式大体相同，均由土司衙署机构、勐圈级派出机构、基层村寨三级组成。

　　勐勐土司的官称是勐勐土巡检。其辖地内设有4个大圈、19个小圈及以下的各村寨。土司衙门是领地内的最高统治机构，内有土司和若干名太爷、宣爷。太爷通常为土司的叔伯、兄弟，掌管政务、军事、经济等。宣爷是土司的重臣，在土司衙门机构担任一定的职务。傣族土司统治时期，在平地（坝区）上设勐，在山区和半山区设圈。圈官主要管理少数民族，大圈下有小圈，其下是郎爷，最基层是火头。火头一般都不脱离生产。自太爷、宣爷到郎爷各有自己直接管辖的范围，其范围大小不一。在这种土司管辖区内，土地制度也有封建剥削特征。除了经济上的管制之外，土司还有军队和司法的权利。可以说，每一个土司衙门，就是一个小政权。

勐勐土巡检最初进入双江是在元末明初时。当时，以罕甸为首的一批傣族进入双江，在勐库定居，以后又发展到勐勐坝子上。这些傣族早先隶属于麓川，后来受制于耿马。明万历二十七年（1599年），罕竟"从官军征缴有功，授巡检世职"。清康熙五十四年（1715年），罕紫芝"投诚，贡象，仍授世职"。清乾隆四十一年（1776年）"定为经制土巡检"。云南回族起义时（1856—1873年），勐勐土司罕恩诏"从征大理杜'逆'（回族起义领袖杜文秀）有功，赏六品衔"。

清光绪十四年（1888年），上改心划归镇边直隶厅（今澜沧），设忙糯巡检。光绪二十九年（1903年），"改勐勐土巡检隶缅宁，拨勐勐土司六圈地归缅宁厅，设四排山巡检"。土司直接管辖的范围只余勐勐坝子。光绪三十年（1904年），彭锟"晋充管带兼掌管四排山、勐勐"，土司辖境事实上全部归属流官统治。1904年8月，土司罕华封被革职，罕华棠代办。勐勐土司衙门延续至1922年"中华民国"成立后。

（参考资料：《临沧地区志》，临沧地区地方志编撰委员会编；《临沧地区民族志》，临沧地区民族宗教事务局编）

双江傣族由于定居时间较晚，且多居住于坝区，只有山地几个村落种有茶树。其中著名的是勐勐土司罕廷发派人建设的冰岛茶园，被称为勐库大叶种的发源地。这些茶园是为了满足土司的生活和享乐而建设的高品质官茶园。

然而，虽然双江傣族种茶较其他民族少，但傣族带来了在傣族地区流传广泛的糯米香茶、竹筒茶、婚茶、祭祀和佛事用茶等饮茶方式和饮茶习俗。而在傣族的庆典、人生礼仪、祭祀和宗教中，茶作为重要的文化象征和饮品，也影响着傣族人的观念和生活。

傣族姑娘煮"糯米香茶"（双江自治县农业局／提供）

傣族火罐茶

　　火罐茶，用一个能容量300～400毫升的土茶罐，放在炭火上烧烫，再放2～3两（100～150克）青茶，慢慢抖匀至茶叶变黄、发出香味，将滚烫的开水倒入茶罐中，再置入火塘慢慢煨3～5分钟，茶沫自然溢出，清香扑鼻而来，即可倒入茶碗、茶盅饮用。

3. 民俗与艺术

　　傣族有着独具特色的民族文化，这在他们的信仰中有着突出的体现。傣族信仰神灵。神，傣语为"色"。傣族最高的神是天神，其下是勐神，是地方诸神的总管。傣族祭色，即为祭祀地方神、山神和水神。傣族祭祀家神和自然神，在农业生产的各个节点上多有祭祀活动，以祭祀相应的神灵。这种神灵信仰使傣族盛行看卦，相信预兆。更多的傣族人信仰南传上座部佛教，每个傣族村寨都有佛寺。大的佛寺由佛殿、戒堂、舍利塔、钟鼓房、僧舍、门亭等建筑构成一个完整的佛教建筑群；而小的佛寺则较为简单，通常包括佛塔、主殿和僧舍。临沧的傣族佛寺建筑很多由来自剑川、大理的木匠建造，建筑风格偏向白族建筑。信仰佛教的傣族人数众多，傣族的佛寺通常建设得金碧辉煌，体现了傣族人民的财富状况和审美追求。傣族的佛教信仰还影响了佤族、布朗族和德昂族等民族。

傣族佛寺（双江自治县文体旅游局／提供）

傣族制陶（江宏峰／摄）

傣族的服装也很有特色。青年人和老年人从服装的色彩上有明显的区分，青年人的服装鲜艳亮丽，老年人的服装稳重大方。女性的服装贴紧腰身，勾勒出傣族女性窈窕的轮廓。男性服装宽大，体现出傣族男性洒脱奔放的性格。

土司统治时代，民间禁止盖瓦房，只有土司官署和佛寺是瓦房，傣族民间则住罩笼房——以树枝权埋入地，架梁，以竹篾、野藤固定，再盖以草片。这种房屋多建在山间，是简陋的傣族民居。山地傣族的另一种住宅形式则是落地的竹木结构房屋，类似于双江其他民族的山地住宅形式。

傣族的泼水节、关门节、开门节、大经节和春节等是重要的传统节日。在节日中，傣族人进行祭祀、听经、聚餐、娱乐等各类活动。而在日常生活中，傣族人一边劳作，一边唱歌，多为即兴之作。象脚鼓舞是双江傣族代表性舞蹈，傣族男性集体舞动，舞者身背象脚鼓，手击脚跳，鼓随身转。

傣族茶艺（双江自治县文体旅游局／提供）

象脚鼓舞（双江自治县农业局／提供）

五

历久传承 大巧若拙

云南双江勐库古茶园与茶文化系统

宋·苏轼《次韵曹辅寄壑源试焙新芽》

仙山灵雨湿行云，洗遍香肌粉未匀。
明月来投玉川子，清风吹破武林春。
要知玉雪心肠好，不是膏油首面新。
戏作小诗君莫笑，从来佳茗似佳人。

（一）
传统技术的传承与创新

传承，是延续，是创新，是不断适应和发展的过程。500年传承的古茶园，为今天的双江保留了一个鲜活的茶的王国。

1. 茶园管理技术

（1）地块选择

茶地多选择在林木多的向阳山坡上土层深厚、肥沃、日照早、雾露多、相对湿度较大的地块种植，有"高山云雾出好茶"之说。坡度地在15°以下的平缓坡地直接开垦，开垦由下而上按横坡等高进行，茶树行距1.6～2.1米。坡度15°～25°的山地直接开成水平梯面，梯面宽度1.5～1.8米，种植两行茶树的梯面应为3米左右。

茶园选址于向阳山坡（袁正／摄）

（2）品种的选择

以种植勐库大叶种茶为主，其他品种为零星种植。

（3）种植方式

最初是用茶籽直播方法种植。将成熟茶籽采收后，用水选将空籽除掉，开挖纵横各约70厘米的坑，每一坑下籽一掬，覆土3～4厘米，第二年雨季来到时进行分植，三年便可采摘。从1939年开始应用茶树压条技术繁殖。

（4）茶园的管理

双江历史上很少提到茶园中耕管理，对农药的依赖性小；增肥不用化肥，也不施农家肥，多用腐殖质较为丰富的"黑土"与茶园土壤进行调和，或将茶园杂草割下来晒干，然后埋回茶园土壤里沤制天然肥料；除草为纯人工除草，在夏日最热时用锄头人工铲除草根，晒干后堆捂于茶树根部作为肥料。

枯枝落叶堆积作肥（袁正／摄）

(5) 树冠整理

古茶树多为自然生长，仅进行轻度人为修整，如在每年茶季结束的11、12月在树冠面上进行一次平剪，每次修剪在上一次剪口基础上提高4~6厘米。或根据茶树长势每隔4~5年进行修剪，比整个茶树树冠低15~20厘米平剪。对于已呈衰老或未老先衰的茶树，剪至树高50厘米，在春茶前、后进行。严重衰退的茶树，多数树梢萌发能力退化、萌芽力低、产量明显下降的需进行重修剪，剪去茶树高度的1/3~1/2。若产量急剧下降，须进行台刈更新，即在茶树离地面10~15厘米处，用手锯或利刀除去全部树冠，刈桩要平滑，在春茶萌发前、后进行。也有茶农仅通过采摘来进行树冠整理。

(6) 茶叶采摘

开始只采春、夏茶，并且在天气晴时采茶。随着普洱茶贸易的活跃开始采秋茶。采茶的标准为第一蕊尖（一芽）无叶，第二皇尖只取"一旗一枪"（一芽一叶），第三客尖（一芽二叶），第四细连枝（一芽三叶），第五是白茶（内有粗老叶，梗有骨，大小不齐）。制作普洱茶的鲜叶采摘最佳时间在日出半小时后，这样可以避免由于鲜叶水分含量过高产生的不利于萎凋与杀青的问题。采茶可以有旱季、雨季之分，旱季春茶在2月下旬至5月中旬采摘；雨季夏茶和秋茶在5月中下旬至11月下旬采摘（夏茶在5月中下旬至8月下旬采摘；秋茶，俗称谷花茶，在9月上旬至11月下旬采摘）。春茶因为还没受到雨水的影响，茶气较足，是制作普洱茶的最佳原料。

采茶（双江自治县农业局／提供）

2．自然灾害防御技术

根据茶区分布的情况来看，处在气候多变的区域，茶树在复杂的自然环境中易受自然灾害，特别是受病虫害、寒冻、干旱和冰雹的侵袭，这些自然灾害威胁着茶树生长，轻则造成茶叶产量减少、品质下降；重则使茶树死亡。因此，加强对灾害的防御，对茶叶产业的发展具有重要意义。

灾害防治需遵循"预防为主、综合防治"的植保方针，以改善茶园生态环境，维持茶园生态平衡为基础，加强合理施肥、及时采摘芽叶、人工除草等栽培管理措施，保护和利用害虫的天敌，积极开展生物防治，推行茶园病虫害综合防治技术，做好病虫草害防治工作。同时，采用茶园覆盖、茶园灌溉、茶园间作和肥塘管理，建设茶、林、果复合生态茶园，提高茶树抗旱防冻能力。

复合种植的茶园（杨丽韫／摄）

3．生态环境保护技术

采用高大乔木—茶树—绿肥立体复合的种植模式，根据茶园所处地块的生态环境因地制宜，中间种植茶树，尽量保护茶园中的树木、植被，使茶园通过种植遮阴达30％；地表种植绿肥或有根瘤菌的植物以保水保肥。建成林中有茶、茶中有林的生态茶园。

茶与其他林木的混种（杨丽韫／摄）

（1）推进林业生态工程建设

采取自然恢复措施促进森林植被恢复，不断提高植被生态质量，强化生态防护功能；开展江河沿岸、水库周围、城镇面山及生态脆弱地区森林生态建设；严格执行生物多样性保护，保护好森林生态系统、湿地生态系统和珍稀濒危物种资源；实行古树、名树挂牌保护制度，加强对自然保护区、旅游风景区及水源林保护。

古树挂牌保护（袁正／摄）

生态双江（杨丽韫／摄）

（2）合理开发利用土地资源

按照人口资源环境相均衡、经济社会生态效益相统一的原则，整体谋划，科学布局生产空间、生活空间、生态空间，给自然留下更多修复空间。严格执行基本农田保护制度，严守生态红线，优化土地利用结构和布局。着力改变粗放经营方式，促进耕地、园地、林地等农地合理利用，提高土地利用率和产出率。

（3）加强水资源保护利用

加强骨干水源建设，大力发展高效节水灌溉，加强防洪薄弱环节，病险水库除险加固，干支渠防渗处理，统筹协调城乡生活、工农业生产、生态环境的水资源需求。

（4）加强环境执法监管

加大环境保护、生态建设系列法律法规的执法力度，强化法制宣传教育，在全社会形成人人自觉遵守法律、自觉保护环境的良好局面，全面推行环保监督结果通报、企业违法道歉承诺、媒体曝光等制度，切实维护群众环境权益。

池塘与村落（双江自治县文体旅游局／供）

4. 水土资源利用技术

双江县人民政府成立后，采取工程、生物等措施，防止水土流失。改变毁林开荒、刀耕火种的原始耕作方式，兴修水利，固定耕地，推广先进农业科技，提高单位面积产量，退耕还林，无林荒山种植茶园和华山松林。有条件的地方推广电炊，以电代柴，推广沼气、节能灶等以减少薪炭消耗，收到一定效果。

（1）工程措施

1957年，县建设科水利组主抓水土保持工作，治理南大公路由东来乡傍山而下，大量弃土下河、压田的情况，在专水工队协助下，1957—1958年采取挖拦山沟、建拦沙坝等工程措施治理。先后挖拦山沟78条，全长16.8千米；建拦沙坝56座，有效地控制了公路弃土下河压田的情况。1962年国家投资在撒拉河修建石砌拦沙坝8道，支砌石方226立方米，因干砌，后逐渐被洪水冲毁。

（2）生物措施

保护自然生态环境，对山区进行耕地调整，缩减面积，退耕还林，固定耕地，改良土壤，提高单产，25°以上坡地退耕还林，逐年改坡地为台地。

十一届三中全会以后，县委、县人民政府采取一系列重要措施，保护现有森林。进一步明确山林权属，规定山林管理具体政策，鼓励群众植树造林。至1988年全县人工造林11.68万亩，四旁绿化植树293.7万株。森林覆盖率由25%回升到38.4%，在一定程度上改善了生态环境，减少了水土流失。水利部门对水土流失治理转向以工程为依托，基层建立乡镇水利水电水土保持管理站，重点做好水库、渠道、河道、电站等工程保护区的绿化工作，同时积极配合林业、环保等部门，开展荒山绿化、保护水源林、防护林等工作。

梯地（双江自治县文体旅游局／提供）

5. 茶叶制作技术

采摘的鲜叶加工分两种情况，一种是加工企业直接收购鲜叶，以加工红碎茶、普洱茶（普洱生茶、普洱熟茶）、功夫红茶、绿茶（蒸青绿茶、蒸酶绿茶）。另一种是农民自己加工晒青毛茶，以晒青毛茶成品出售。

（1）勐库大叶种晒青散茶加工工艺

鲜叶→摊晾→杀青→揉捻→解块→日光干燥→包装。加工鲜叶按标准验收，按级验收后鲜叶应分级摊晾，摊晾至叶含水量降到70%左右及时杀青。杀青要匀，柔软度一致，无青草味和烟焦味。根据鲜叶嫩度适度揉捻成条，揉捻后进行解块，解散团块茶，将揉捻叶薄摊在专用晒场或摊晾设备上。进行日光干燥，日光晒干至含水量不超过10%。

鲜叶（双江自治县农业局／提供）　　　杀青（双江自治县农业局／提供）

日光干燥（双江自治县农业局／提供）　　晒青散茶（双江自治县农业局／提供）

（2）勐库大叶种晒青紧压茶加工工艺

晒青散茶→筛制→蒸压→干燥→检验→包装。进行晒青散茶筛制是通过筛分、风选、拣剔等除去梗、片及非茶类物质，达到分级要求；并按各成型茶的品质要求进行拼配，蒸压前需测定每批预制茶的含水率并计算确定称茶量；将茶分层装入甑内蒸时要求不漏心；蒸茶时长要需视茶叶的老嫩而定，应以饱和蒸汽蒸茶；压制后应表面光滑、圆整、松紧适度。蒸压器具要保持清洁，布袋要定期清洁杀菌。紧压茶干燥温度控制在40～60℃，不宜超过60℃，要控制好温度；干燥过程要注意排湿，含水量需控制在13%以内。

勐库紧压茶制作工艺：

春尖（勐库戎氏公司／提供）

鲜叶（勐库戎氏公司／提供）

传统手工杀青（勐库戎氏公司／提供）

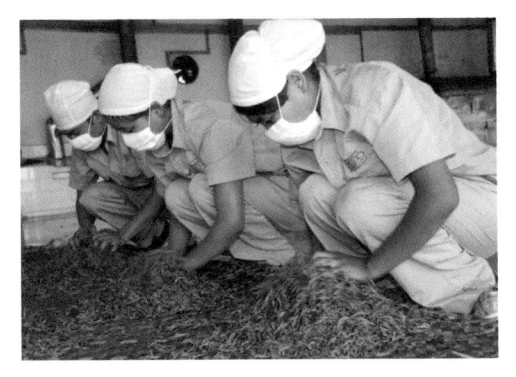

揉捻（勐库戎氏公司／提供）

晒青（勐库戎氏公司／提供）

蒸压（勐库戎氏公司／提供）

包装（勐库戎氏公司／提供）

晒青紧压茶（袁正／摄）

（3）普洱茶散茶加工工艺

晒青散茶→快速后发酵或缓慢后发酵→干燥→筛制→检验→包装。快速后发酵应根据筛制的晒青散茶等级和气候条件，确定合理茶水比例，把握潮（润）水量，要分层喷洒拌匀；密切注意后发酵的进程，适时翻堆解块，堆温控制在65℃以下为宜。缓慢后发酵则要求贮放处理地环境清洁、无异味，忌高温高湿。普洱茶散茶自然干燥，含水量需控制在10%以内。

（4）普洱茶紧压茶加工工艺

普洱散茶→蒸压→干燥→检验→包装或晒青紧压茶→缓慢后发酵→检验→包装。加工要求参照勐库大叶种晒青紧压茶加工要求执行。

普洱紧压茶（袁正／摄）　　　　渥堆发酵（双江自治县农业局／提供）

（5）绿茶制造工艺

鲜叶→杀青（锅炒或蒸汽）→揉捻→分筛（筛头复揉）→干燥（初干、摊凉、再干）。

茶会中展示的各种类型的茶产品（双江自治县农业局／提供）

勐库大叶种茶经过摊晾、杀青、揉捻、解块、日光干燥后所做成的茶叶为生散茶。如果把生散茶经紧压成形，就成为紧压生茶，俗称生饼或青饼。生散茶经人工快速洒水渥堆、后熟发酵，即为普洱茶散茶（熟散茶）。再经紧压成形，成为普洱茶紧压茶。需要注意的是，新鲜茶叶采摘完毕后不能在箩筐或是蛇皮袋子里放太久，否则茶叶会因为潮湿而发霉或变质，影响茶的品质。

（二）
传统知识的传习与应用

1. 森林保护

树木给山民们带来肥源、水源，给野禽野兽以栖身之所，而村寨周围的参天古树又是优美的风景线和抵御风暴的天然屏障，因而人们自发地保护树木，村寨附近的林木绝不允许任何人砍伐。

2. 茶树与茶的利用

各族人民在漫长的生产生活实践中总结了不少茶叶的药用方法，比如：

轻度感冒，用土罐煮浓茶对松明子、生姜服用。

腰酸、背痛、腿抽筋，煮浓茶对猪油，喝两碗冒汗，经络通畅。

偶发性头痛，冲泡的茶水中对两滴清风油。

慢性肠胃病，茶叶、石榴尖、马梨嘎树尖混煮服用。

急性腹泻，茶叶、糯米、红糖炒煳后混煮服用。

高血压、高血脂、冠心病，用生长百年以上的老茶树根煮服或制干泡服。

眼热，用鲜茶叶或干青茶泡水冲洗眼睛，并将茶叶糊在眼眶上。

3．水土资源合理利用的传统

（1）传统的水利技术

双江水利建设始自明代。据史籍记载，明洪武十八年（1385年）傣族进入南勐河沿岸居住，自立酋领，在南勐河各支流挡坝开沟引水，开田种水稻，至今尚存引用邦丙河水的忙波水沟群；引用南勐河支流忙那河水、流量每秒0.2立方米的忙东沟；引用南印莱河（今邦木河）水的"烘南印莱"水沟；邦况倒虹吸，以沉积岩凿成长0.6米，宽、高各0.4米的块石，中间凿通直径0.2米的孔做成石管，节与节间有榫头，用石灰、香油、糯米饭调配配成胶泥作黏合材料，做成了长160米、跨越山凹高差达40米的虹吸石管。

天然河道（杨丽韫／摄）

（2）传统水利工程建设

清光绪十四至三十年（1888—1904年），土司制度瓦解，官兵进入双江地区，大部分士兵落户种田，带来了内地农业生产先进技术，水磨、水碾以及水力炼铁鼓风机开始应用。清末，驻南栅军营管带彭锟退居四排山，"民国"十三年（1924年），以长子彭肇纲名义向云南省政府申请，获准垦殖勐勐河东岸土地，筹建了"勐勐渠水利工程管理处"，挖通1.5千米左右长的毛沟，但于当年即被洪水冲毁。

"民国"十九年（1930年）双江置县后，第二任县长征夫兴建歇马场水沟，长2.5千米，解决营盘街吃水及种植蔬菜之需。"民国"二十六年（1937年）省立双江简师160余师生员工修建背阴寨至观音阁2.7千米长吃水沟。

据统计，民国前双江县境内共建有大小沟渠1 136条（灌溉50亩以上的沟渠430条）。民国时期新增水沟96条，水力大车48件，水碾27座，

水磨4盘，水力风箱5个，河道堤防200米。水利工程有效灌溉面积2.7万亩，占当时全县水田面积的35.47%。由于历史条件限制，水利建设只是单一、小规模的引用长流水，无蓄水工程，抗灾能力极低。

勐勐大沟（双江自治县农业局／提供）

（3）传统水利工程管理

民国前，水源和水利工程主要为土司、头人、乡绅所占有，他们派工派粮派款修建，制定水规，指定管水人，向用水农户征收水粮。新中国成立初期，在"团结稳定、发展生产"原则下，采取共用沟共管、共同制定用水公约的办法，推荐办事公道的人放水，收取水费粮等办法。农业合作化后随着水利工程的兴建，实行国家组织、小队单独管理、有关小队组织共管、有关大队组织共管等四种管理形式。

（三）
传统规约的延续与扩展

为保证勐库大叶种茶资源合理利用及开发，双江自治县人民政府出台了《云南省双江拉祜族佤族布朗族傣族自治县古茶树保护管理条例》，对分布于县境内的野生型古茶树、野生近缘型古茶、栽培型古茶树的管理及开发利用从法律角度给予保护。此外，勐库镇重点茶叶生产区制定相关的村规民约，对茶叶的生产管理也作了相关规定，如冰岛村村规民约中专门设有一章关于冰岛茶保护规定，丙山村的村规民约中也特别提到了古茶树及茶产业的保护和管理。

云南省双江拉祜族佤族布朗族傣族自治县
古茶树保护管理条例

双江拉祜族佤族布朗族傣族自治县
人民代表大会常务委员会

公 告

《云南省双江拉祜族佤族布朗族傣族自治县古茶树保护管理条例》于 2009 年 3 月 13 日经双江拉祜族佤族布朗族傣族自治县第十四届人民代表大会第二次会议通过，2009 年 5 月 27 日云南省第十一届人民代表大会常务委员会第十一次会议批准，现予公布，于 2009 年 10 月 1 日起施行。

双江拉祜族佤族布朗族傣族自治县
人民代表大会常务委员会
2009 年 7 月 30 日

· 1 ·

古茶树保护管理条例（双江自治县农业局／提供）

冰岛村村规民约中对茶树保护的规定

第七章　冰岛茶保护规定

第三十七条　当地村民应充分认识到冰岛茶保护和开发的重要性和必要性。

第三十八条　保护好冰岛茶品牌，绝不能掺假卖假、以个人行为损坏集体利益。

第三十九条　当地农户要增强责任意识，不能拉运外地的大茶树来冰岛村进行移植。

第四十条　本村村民加强自我保护意识，不能擅自移栽大茶树。

第四十一条　本村村民一律不能擅自向外出租本地茶树，已出租的必须按期限尽快收回，若违反将按相关规定进行处罚。

第四十二条　必须注重生态环保，决不能以开发建设为名破坏茶树及生态环境。

第四十三条　当地农户当好"监督员"，不要让外地人拉运外地大茶树来冰岛村进行种植。

第四十四条　当地群众如果发现有村民拉运外地大茶树进入冰岛村种植的情况，应当及时向有关部门进行报告。

第四十五条　若有村民不遵守冰岛茶保护规定，有违反以上规定的行为，由冰岛村"两委"干部及组干部对其进行处罚。

六

变迁之痛 面茶而思

云南双江勐库古茶园与茶文化系统

（一）

从无名到天价的冰岛茶

熟悉普洱茶的人对冰岛茶都不陌生。当我们在百度输入"冰岛茶"时，无数的广告、解释、经验瞬间出现在我们眼前。冰岛，这个默默无名的小村中的茶，经历了500年的沧桑，从土司的专享成为了民众的佳饮。

按说，这是一件喜事。然而，在过去的10多年中，普洱茶市场风起云涌，当人们把普洱茶作为收藏品来进行炒作时，茶的价值和价格早已超越了其本身，而上升为文化产品，甚至奢侈品。2014年，冰岛春茶古树原料价格已经飙升至1.8万元/千克，超越普洱茶传统贵族品种老班章成为最为昂贵的普洱茶。请大家注意，这里的价格是青叶的价格，也就是说，按照4：1制成比例，1千克普洱茶的原料价格就至少为7.2万元。冰岛茶贵，在2014年创造了普洱茶的古树原料收购价格的历史记录。

冰岛茶打响了冰岛的名号，也富裕了双江的茶农。但也带来许多的隐患，令人深感不安。

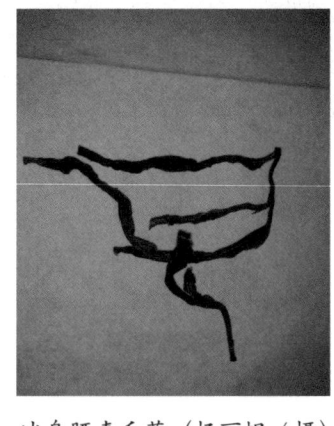

冰岛晒青毛茶（杨丽榅／摄）

冰岛茶庄园（袁正／摄）

1. 发展造成的茶园生态系统退化

人口增长、过度开发、不合理采摘、单一化茶园替代以及在紧邻古茶园周围建盖民居房等，导致部分古茶园生态系统退化。

几年来，冰岛古树茶引起国际国内市场的极大关注，商家过分炒作古树茶叶，当地茶农受经济利益驱使，过度采摘，对古树造成一定破坏。也正因此，为保护古茶树，一些村委会制定相应村规民约，规定农户不准砍伐或随意修剪古茶树。这项措施虽然杜绝了严重破坏古茶园的行为，但也限制了一些必要的管理措施，如传统的整枝及去除病枝等。过度采摘与过度保护都给粗放型管理之下的茶园带来了不可预期的危害。

2. 价格激增带来的市场乱象

当市场上到处都是冰岛茶时，当越来越多的普洱茶爱好者及游客慕名而来，涌入这个至今看起来仍然相当偏远的山寨时，许多人不禁问，我们是否喝过真正的"冰岛茶"呢？很多人得到的答案都是否定的。

在冰岛村，古茶树不是以亩来计算，而是以棵为单位来计量的。茶树划归农户，其收入所得也归农户所有。在冰岛老寨，被认为冰岛茶正宗产地的南迫、坝歪、糯伍等村的古茶园，都不是大型的茶叶基地。在这样的条件下，古茶园的产茶量一直处于较低水平。而市场上随处可见的"冰岛"茶饼，无论从价格上还是数量上，都不一定符合冰岛茶质优量少的特征，但却符合了冰岛茶高昂的价格。这些茶，有些是以勐库大叶种茶为主要成分拼配而成，属于质量较高者；还有些以其他普洱茶为基础，表层覆盖勐库大叶种茶或拼配少量勐库大叶种茶制成。甚至还有完全以其他普洱茶品种制成的茶饼。这些茶有的标明了产地，有的没有标明产地，没有质量上的保证。这种乱象，在冰岛茶价格居高不下的现在，正愈演愈烈。

保护与发展后的古茶园（袁正／摄）

市场上名为冰岛的普洱茶（袁正／摄）

3. 传统文化流失与价值观的失衡

在这个交通闭塞的山区，人们的文化素质普遍较低。在古茶价格连续走高，精神文明和文化的提升难以跟上收入增长速度的情况下，出现了迷茫和失措等情绪。在茶农收入激增的同时，人们放弃了传统的文化、习俗与价值观，开始盲目追求"现代"，产生攀比、造假、挥霍等不良行为，造成传统社会文化的失序。

而传统文化，包括茶叶种植、采摘、加工和饮用的相关知识以及围绕茶形成的资源分配制度、自然崇拜、节庆活动（社会风俗、礼仪）等，对古茶园的维持与社会的良性发展具有重要意义。在目前不断受到冲击的过程中，很多年轻人缺乏对传统茶文化的认知和传承的意识，加上熟知传统生活习俗、宗教信仰、礼仪的老人相继离世，传统茶文化从文化变迁的进程中脱离，进入了一种全面刷新的文化更替状态。传统文化急遽消失。

4. 不均衡的产业发展

双江茶园管理较为粗放，集约化、产业化、组织化、专业化、机械化、标准化、水利化程度不高，标准化茶园比例偏小，产量偏低，企业与农户之间尚未形成紧密的利益联结机制，企业缺乏稳定可控的原料基地。另外，多种原因制约着茶产业的健康发展，且茶产业呈现地域发展不均衡、南部乡镇产业发展相对滞后的状态。

日益扩大的茶叶产能与市场需求、消费之间的矛盾将会更加突出。2009年，世界茶叶产量395万吨，目前消费水平在350万吨左右徘徊，且产量每年仍在增加，产能增幅的比例大大高于消费增幅的比例，产能相对过剩已成不争事实。同时，人工成本居高不下、采工紧缺，财务成本、包装、运输成本增大，使产业发展面临重重难题。

企业管理落后、缺乏人才、规模散小、创新不足、竞争力不强已成为制约全县茶叶产业发展的关键问题。

今日的冰岛村（双江自治县农业局／提供）

首届冰岛茶会上的双江茶企（双江自治县农业局／提供）

（二）

逆流而上的勇气与未来

长期以来，双江自治县经济发展水平相对落后，全县一直以经济增长和农民增收为主要目标，对文化发展重视不够，对农业文化遗产的认识和重视度都较薄弱。各部门对于农业文化遗产的内涵、保护与管理方法的认知仍处于较为模糊的状态，因此未能形成部门合力。茶农文化素质偏低，对于古茶园的认识仍停留在自然崇拜和经济生产两个基本的功能上，对于茶园多功能性的认识和利用都显不足。然而，面临挑战的同时也面临机遇，在这个快速变革的时代，保护好这一祖先留下的珍贵遗产，使之成为经济、社会可持续发展的基础势在必行且迫在眉睫。

双江自治县政府承诺保护古茶园及其文化（双江自治县农业局／提供）

1. 作为遗产的古茶园

　　双江古茶园历史悠久，文化积淀深厚。它是优质的茶树品种的原产地；野生茶树种质资源丰富，且价值突出；景观优美，生态系统结构合理；茶产业为当地人民的提供了重要的生计支持；农业文化与茶文化多样化，是当地4种民族文化的重要组成部分。它符合中国重要农业文化遗产的各项特征。为更好地保护这一珍贵的人类遗产，双江县政府于2014年启动了"云南双江勐库古茶园与茶文化系统"申报中国重要农业文化遗产工作，于2015年7月获得农业部的认定，成为第三批中国重要农业文化遗产。

中国重要农业文化遗产授牌（双江自治县农业局／提供）

中国重要农业文化遗产牌（双江自治县农业局／提供）

中国重要农业文化遗产中的古茶园和茶文化系统

目前，被评为中国重要农业文化遗产的茶园和茶文化系统分别为：云南普洱古茶园与茶文化系统、福建福州茉莉花与茶文化系统、福建安溪铁观音茶文化系统、浙江杭州西湖龙井茶文化系统、湖北赤壁羊楼洞砖茶文化系统和广东潮安凤凰单丛茶文化系统6个项目。这6个项目展示了我国不同地域、不同种类的茶树种质资源与茶文化特征。从茶类品种来看，包含了绿茶（龙井）、青茶（铁观音、单丛茶）、黑茶（普洱茶、羊楼洞砖茶）和花茶（茉莉花茶）；从覆盖地域看，涉及了我国江北、东南、西南三大茶区；从历史看，年代最久的普洱古茶园可以追溯到距今1800年前，茉莉花茶源于汉，其他各系统多始于唐，盛于明清。各茶园农业系统或自有其独特的茶种，或具有不可替代的文化特征，并世代演替传承至今，成为我国宝贵的农业文化遗产。

双江古茶园与茶文化系统与
普洱景迈山古茶园与茶文化系统的比较

双江勐库古茶园与茶文化系统和普洱古茶园与茶文化系统在地域上紧邻，因此其自然环境、系统结构与民族文化近似。两个系统相似度极高。然而，即便如此，双江勐库大叶种茶与茶文化系统也表现出了其独特性。

双江古茶园与普洱景迈山古茶园农业文化遗产特征比较

	双江古茶园与茶文化系统	景迈山
茶种质资源	普洱茶种 代表：勐库大叶种 （原产，国家级茶树良种）	普洱茶种
野生茶种多样性	3个茶种	1个茶种，1个变种

	双江古茶园与茶文化系统	景迈山
演化体系	野生古茶树群落、栽培型古茶树和古茶园、现代生态茶园	野生古茶树、过渡型古茶树、栽培型古茶树与古茶园
区位特征	被北回归线穿越，澜沧江干流为东部边界，处于太平洋与印度洋分水线的陆地延长线上	澜沧江干流北向南穿越澜沧县
面积	2 157.1平方千米	1 870 平方千米
茶树分布的海拔范围	1 050~2 750米	1 100~1 662米
代表性景观	勐库大雪山野生古茶树群落（野生型）	景迈山千年万亩栽培型古茶园（栽培型）
历史	500年	1 832年
民族	拉祜族、佤族、布朗族、傣族为主的多种少数民族	布朗族、傣族为主
生计方式	茶农业	茶农业
茶马古道	支线	支线

作为农业文化遗产，双江勐库古茶园与茶文化系统有着重要的社会、经济、生态价值与深刻的战略意义。

考察双江古茶园（袁正／摄）

考察双江茶企（袁正／摄）

（1）社会、经济、生态价值

双江自治县茶叶种植历史悠久，勐库大叶种茶驰名中外。茶叶是双江自治县农民增收致富的传统支柱产业，在全县经济中占有重要地位，历届政府也把茶叶当做当地经济支柱产业来发展，茶叶种植面积不断扩大，茶叶产量不断增加，茶叶产值不断提高，涉茶人平均茶叶收入达 1 000 元以上。茶叶生产除向社会提供优质、安全、足够的农副产品外，最主要的功能是吸纳大量的劳动力就业，双江的各民族以茶维持生计，立足茶叶资源优势，依托茶叶创业发展。茶叶产业推动了经济发展，并推动相关产业及其经济的发展，茶叶已成为农民增收、企业增效、财政增长的支柱产业，促进了地方农业增产增效、农民就业增收、农村稳定繁荣。

首届冰岛茶会（双江自治县农业局／提供）

第二届勐库茶会茶论坛（闵庆文／提供）

休闲农业具有经济、游憩、文化、教育、社会、医疗和环保等功能，是结合生产、生活和生态"三生"一体的农业经营方式。这一新型农业经营方式的出现，可依托勐库滇濮古茶小镇，寻茶根、祭茶祖、品香茗、体验4个自治民族不同的茶艺茶道的茶文化休闲园；依托古茶园、高优生态景观茶园发展休闲观光农业，享受大自然赐予的茶园风光；依托茶庄园发展休闲、养生、度假、观光、采摘体验休闲园。通过发展休闲农业，可以促进城乡之间的环境共享、信息互通、良性互动好氛围。

祭茶祖活动（闵庆文／提供）

　　同时，茶叶产业作为农业的一部分，具有和农业同样的生态功能，对农业经济的持续发展、人类生存环境的改善、保持生物多样性、防治自然灾害、为二三产业的正常运行和分解消化其排放物产生的外部负效用等，均具有积极的、重大的正效用。茶叶栽培也属于植树造林、退耕还林的措施之一，可提高绿色植物覆盖率，达到净化大气、保护水源、维护碳氧平衡等目的，对生态环境的改善发挥了良好的保护功能，从而创建洁净双江，促进无公害、绿色和有机茶叶生产技术的推广，在提高茶叶综合生产能力的同时，减少了化学投入品的使用，对维持生态安全也起到了积极作用。

野生茶（袁正／摄）

（2）在生态文明建设与农业可持续发展方面的重要性

　　生态农业追求农业的全面发展，依靠现代科技，更多培养土地等生产载体的自身生产能力，同时巧妙地利用自然界本身的生态发展规律，节约生产投入，减少人工干扰产生的有害排放，这样既实现农业的生产要求，又实现保护农业生产环境的目的。因此生态文明视野下的农业发展路径是遵循循环闭合型的低投入—高产出—低排放的发展路径，最终实现农业的生态、经济和社会三大效应的综合和可持续发展。

　　双江实施茶的生态栽培，主要采用高大乔木—茶树—绿肥立体复合的模式管理生态茶园。在农药和化肥使用方面，积极推广使用生物农药和生物有机肥料，禁止使用高毒农药、剧毒农药、除草剂、叶面肥和含有稀土元素的肥料。并根据茶园土壤状况，合理施用氮肥、磷肥和钾肥，做到平衡施肥、配方施肥，避免茶园土壤出现酸化板结。同时，通过推行茶叶标准化生产技术，建设无公害茶叶生产基地，可促进无公害农产品生产技术

的推广和农业标准化建设，增强农民的无公害生产意识，促使农民自觉接受无公害生产技术，进而减少农药、化肥的使用量，从而推进全县无公害农产品的发展，有效减少农药、化肥等对生态环境造成的污染，有利于农业生态环境的保护和改善，推动农业的可持续发展。

目前，全县茶产地获得有机茶园认证954.2公顷，获得无公害农产品茶叶产地认定5 388.7公顷。这些认证有效减少了农用化学品的投入，促进了双江良好农业生态环境条件保护，推进了农业的生态文明建设。

戎氏有机茶基地（云南双江勐库茶叶有限责任公司／提供）

（3）在社会主义新农村建设中发挥的作用

新农村建设的二十字方针"生产发展、生活宽裕、乡风文明、村容整洁、管理民主"中的第一条就是生产发展，这是新农村建设的基础。只有加快新农村产业发展，增加农民收入，提高农民的收入水平，改善农民生活状况，才有可能实现农民"生活宽裕"，农村"乡风文明、村容整洁、管理民主"，可以说"生产发展"是新农村建设的首要任务。

双江自治县茶产业在社会主义新农村建设中发挥了重要作用。茶产业的发展围绕产前、产中、产后不同阶段，延长农业产业链，发展劳动密集型农产品加工企业，吸纳劳动力就业和提高效益的优

文化新农村（双江自治县文体旅游局／提供）

勐库镇座谈（杨丽韫／摄）

中国重要农业文化遗产石碑（双江自治县农业局／提供）

势，充分发挥农产品、人力资源丰富的优势，达到提高农民收入、促进农村经济增长、吸纳农村剩余劳动力的目的，为产业结构的优化和非农产业的发展创造条件。茶产业的健康发展为双江自治县"乡风文明、村容整洁、管理民主"提供了良好的基础。茶企业和合作社有效地推动了当地社会经济的发展，为社会主义新农村建设奠定了良好的基础。

2. 痛苦与机遇并存的发展

（1）遗产名片

为加强对全国农业文化遗产的保护和传承，2012年，农业部正式启动了中国重要农业文化遗产的发掘和保护工作。截至目前，农业部已认定三批62项中国重要农业文化遗产，分布在20个省、直辖市和自治区。2013年，习总书记在中央农村工作会议上指出，"农耕文化是我国农业的宝贵财富，是中华文化的重要组成部分，不仅不能丢，而且要不断发扬光大"。为贯彻落实习总书记的要求，各级政府对农业文化遗产发掘与保护工作愈加重视，在全国范围内形成了发掘、保护农业文化遗产的热潮，农业文化遗产品牌影响力与日俱增。

（2）市场机遇

近年来我国茶叶出口逆势上扬。2009年茶叶出口量首次突破30万吨，出口额突破7亿美元，拉动了整个国内市场的发展。市场机遇拉动了双江自治县茶叶生产，促使鲜叶、毛茶和精制茶价格的全面上涨。2013年，全县鲜叶平均价达7元/千克，较上年5元/千克增2元，增长40%；毛茶平均价30元/千克，较上年每千克增长10元，增长50%；精制茶销售平均价110元/千克，较上年同期85元/千克增长25元，增长29.4%，双江自治县茶产业迎来了良好的发展机遇。

为有效应对国际金融危机和茶叶市场疲软给双江自治县茶叶产业带来的冲击，突破双江茶叶市场营销瓶颈，全县制定了"走出去、请进来"

的整体营销战略，组织企业到国内重点市场开展营销活动，帮助企业拓展市场、扩大销路、树立品牌。通过几年的不懈努力，双江茶的知名度和影响力不断扩大，"云南临沧·天下普洱第一仓"和"生态茶乡·恒春双江"公共品牌在国内具有了一定的认知度和影响力，已成为双江茶叶对外宣传营销的重要名片。

生态茶乡·恒春双江宣传（闵庆文／摄）

（3）以增强保护带动发展

成为中国重要农业文化遗产之后，将进一步带动双江茶叶产业发展、茶农增收、文化传承和社会进步。依据联合国粮食及农业组织和中国农业部提出的全球重要农业文化遗产（GIAHS）与中华人民共和国重要农业文化遗产（NIAHS）的动态保护和适应性管理的理念，双江将恢复原有的传统农业生态、农业文化和农业景观，使得这些遗产得到有效保护，并遵循可持续发展的原则，开发生态产品、生态旅游，培训茶农、工艺技工，使各相关方都能够自觉参与到双江勐库茶文化系统保护与发展中来。在政府和行业协会等古茶园管理机构，积极引导，促进农业文化遗产地的和谐发展。力争到2025年将双江勐库与茶文化系统建设成古茶园生态化发展的示范基地、传统文化景观旅游目的地、中国茶文化的展示窗口和农业文化遗产管理的优秀试点。

旅游区古树保护提示（闵庆文／摄）

实现双江勐库古茶园与茶文化系统的动态保护与可持续发展，切实带动区域农民增收、环境优化、生物多样性的维持、传统文化和经典技术的传承与发展；加强种质资源保护与利用，拓展产业链条、强化品牌建设，进一步开拓市场，发展生态文化旅游，将农业文化遗产转化为现实生产力，提高遗产地农民的生活水平；增强地方政府对农业文化遗产的管理能力，生态产品的开发能力，社区参与管理的能力，提高区域内人民群众的文化自觉与民族自尊。

在这一总体战略的指导下，双江未来将打造重要农业文化遗产的品牌，继续深入拓展茶作为生态文化农产品的价值，进而带动整个双江农业的发展。同时，发展以茶为核心的生态、遗产旅游业，将双江打造成适宜的旅游目的地。

作为旅游目的地的双江（双江自治县文体旅游局／提供）

①完善保护与发展规划，出台保护条例

制订以当地传统的管理理念为基础的保护计划，辅以当地留存下来的乡规民约、如茶园的管理经验、普洱茶的制作技艺等，以保持地区的生物多样性和文化多样性。在规划中，明确保护区的范围，全面分析社会经济与自然生态条件以及保护所面临的优势、劣势、机遇与挑战，提出保护与利用的目标与原则，确定保护与建设的内容与项目。在保护与发展规划编制的基础上，尽快出台相关保护条例，同时进一步扩大法规

的内涵与外延，结合品牌茶叶地理标志农产品勐库大叶种茶保护运用工作，将保护延伸至整个生产、制作和销售过程，同时针对产地环境细化基地保护、种群保护、水土资源保护等方面的具体办法。

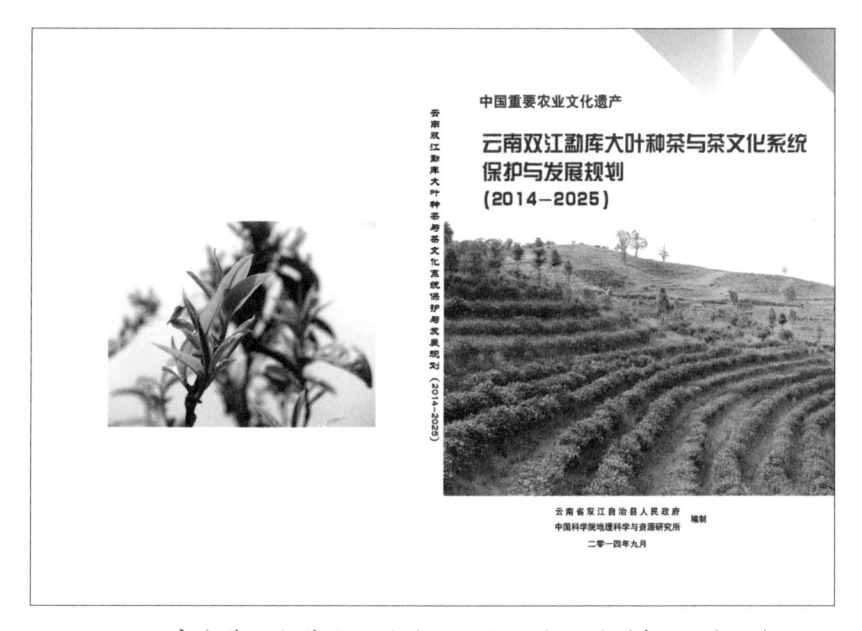

双江勐库古茶园与茶文化系统保护与发展规划（袁正/提供）

②加强政府管理和引导，完善基础设施建设

农业文化遗产保护涉及多个利益群体、多种学科，需要各方积极配合。在各个利益相关方中，政府部门，尤其是农业部门发挥着至关重要的作用。要通过不断努力，使农业部门进一步认识农业文化遗产对农业现代化进程与生态可持续发展的巨大贡献，及其在新农村建设中所发挥的重要作用，提高政府层面对农业文化遗产项目的认同，促进古茶园与茶产业的保护与发展相关项目在地方的顺利实施。同时，通过科学研究、举办各种类型的会议和科普活动，加强对农民的宣传，提高其保护意识，同时让农民更多地分享到保护与发展带来的惠利。另一方面，地方政府应提高对农业文化遗产保护工作的重视程度，针对当前双江县相关基础设施相对落后的问题，围绕茶文化与茶产业设定工作重点与项目安排。其中交通基础设施为建设的重点，茶产业的发展有赖于物流等产业的拓展，通达的交通有助于双江的茶产品和茶文化走出去。

到普洱考察学习（双江自治县农业局／提供）

③挖掘恢复少数民族文化资源，开发茶主题旅游产品

双江以"四族同印、回归线明珠"为旅游定位，四个主体少数民族的文化资源是未来发展的重要依托。首先应对少数民族文化进行深入挖掘，培养各少数民族弘扬民俗活动和民族文化的意识。二是优化村庄自然环境，对村庄基础设施进行美化和改造，建设一定规模的公共服务设施。三是加强宣传力度。

坚持茶旅结合、茶旅互动，深入实施精品战略，打造茶文化旅游基地和创意休闲农业园。在建设博物馆、传习馆、演示馆等茶文化设施的基础上，不断开发和引进以茶为主题的旅游产品。进一步建设并提升已规划的茶叶庄园，加快推进茶叶博物馆、博览园以及冰岛茶叶庄园建设进度，着力把茶文化旅游的载体平台打造出来。

在生态、农业文化遗产旅游发展的层面，依托双江自治县独特的自然旅游资源与人文旅游资源，响应云南省建设绿色经济强省、民族文化大省和国际大通道的发展战略，以亚热带民族风情为双江自治县旅游发

茶农农闲时制作工艺品（双江自治县文体　　　民族工艺品（双江自治县农业局／提供）
旅游局／提供）

展的基本特色，以勐库大雪山和勐库千亩古茶园作为两大重点，带动具有双江自治县特色的民族茶文化旅游，通过规划期内的逐步建设和滚动发展，建成一批精品级的民族茶文化休闲旅游产品，将双江自治县逐步建成省内外知名的以民族特色为依托的茶文化旅游地，力争成为21世纪云南旅游市场中的一个新亮点。

④规范茶叶市场秩序，完善品牌整合与产品认证工作

一是要对双江自治县茶叶生产加工场所进行清理整顿。借助冰岛茶地理标志产品的申报，强化茶叶加工技术与管理规范和国家有关茶叶的质量标准的执行与监察，对加工条件差、管理粗放、不符合食品卫生标准的小型茶叶加工厂加强管理，逐步规范。二是设定生态茶园建设标准，扩大生态茶园，对茶叶经营市场进行清理整顿，规范茶叶生产经营市场，维护正常的茶叶市场秩序。三是重点打造勐库茶品牌，对现有相对分散的品牌、商标进行整合。四是加快地理标志农产品品牌运用工作，扩大有机茶认证规模，同时引导开展绿色食品茶、无公害茶的认证工作。

具体而言，首先，着力打造"双江勐库大叶种茶"区域性公用品牌，把双江勐库大叶种茶、双江勐库古茶园与茶文化系统一同打造成全国和国际知名品牌，提升公用品牌影响力。同时，建立健全的茶叶标准化体系和质量安全监管体系，加快开展绿色食品和有机茶园认证，建设并规范农民生产专业合作社。此外，推进茶园产业化规模化经营，按照"高产、优质、高效、生态、安全"的要求，以"稳定面积、提高单产、提升品质、提高效益"为指导原则，以打造"世界一流生态大茶园"为目标，充分发挥政府、企业、茶农三方的联动作用。努力建设一批茶叶专业村，打造茶叶专业县和专业乡镇，走产业化、规模化经营之路。最后，以茶产业发展为带动，完善整个双江的生态农业产业链，鼓励和扶持休闲食品、饮料、医药等深加工企业的发展，进而推动双江生态农业产业的整体建设进程。

勐库大叶种茶生产基地（双江自治县农业局／提供）

附录

云南双江勐库古茶园与茶文化系统

附录 1　旅游资讯

　　双江是一个以拉祜族、佤族、布朗族、傣族四个少数民族为主体的自治县，县城距昆明市725千米，距临沧市所在地临翔区78千米，距临沧机场60千米。双江山美水美，被人用"江流天地外，山色有无中"来形容。双江被誉为"茶祖故乡"，拥有丰富的古茶树资源。在这片被无数原生植物呵护、被双江之水肥沃的神秘土地上，人情物意极为丰富，以四个少数民族为主的多民族和谐共存，形成了双江独特的文化魅力。

（一）
旅游项目

1. 勐库大雪山

　　勐库大雪山位于双江西北部，主峰海拔3 233.5米，古茶树群落分布在大雪山海拔2 200~2 750米的山腰，大部分树龄在千年以上。茶树群落密度高，生态环境好。现属于澜沧江自然保护区的范围。

勐库千年万亩古茶树群落旅游引导牌（袁正／摄）

2. 冰岛特色旅游村

冰岛是双江最为著名的产茶村,也是勐库大叶种茶的发源地。在冰岛村,喝一杯真正的冰岛茶,体会勐库大叶种茶的香醇浓烈,行走于冰岛古茶园,随着山风,体味五百年茶园的沧桑历史。

神农祠壁画(双江自治县文体旅游局／提供)

3. 勐库神农祠

神农祠位于勐库镇北部南勐河上游,勐库大雪山万亩野生古茶树群落山脚的古茶谷中心地带。祠内有一尊采用雪花白石雕刻的炎帝神农像。左右两侧建有两间传统民族风格的房屋,左为茶展馆,右为茶艺馆。

4. 公弄布朗族风情村

公弄村,可以在布朗族吃茶叶、穿茶叶、用茶叶的茶香与民俗中悠闲漫步,可以在山清水秀的公弄大山上放空自己,听着布朗人吟唱的茶歌,欣赏布朗人跳起的茶舞,体验全新的茶风情。

神农祠(闫庆文／摄)

5. 忙品拉祜族风情村

忙品村,拉祜族风情在这里完整地演绎。在忙品,可以欣赏双江拉祜族72路打歌并参与其中,感受打歌无穷的魅力。同时,还能参观拉祜族刺绣等传统手工艺制作。

6. 东等佤族特色村

东等村,佤族的鸡枞陀螺表演和佤族的故事,尤其是佤族姑娘的甩发舞吸引着各方来客,令人流连忘返。

景亢村孔雀寺（双江自治县文体旅游局／提供）

大浪坝（双江自治县文体旅游局／提供）

7. 忙乐四组布朗族风情村

忙乐四组，在这里可以品尝布朗族烟米茶，欣赏蜂桶鼓舞表演，参观布朗族牛肚被纺织技艺，体验古老、淳朴的布朗风情。

8. 景亢傣族风情村

景亢村，可以体验傣族居地田园诗般的风光，品尝傣族特色餐饮。一年一度的泼水节，一定不要错过。

9. 大浪坝——森林湖国际营地旅游度假区

该度假区位于双江县东南，以大浪坝省级森林公园为核心，区内五湖环抱，林海茫茫，湖水悠悠，山清水秀，构成"群湖拥翠，浪影松涛"的迷人佳境。

（二）
旅游路线

1. 茶源探秘·寻茶之旅

双江县城—勐库大雪山—勐库神农祠—冰岛旅游特色村—冰岛湖—公弄布朗族风情村—勐库滇濮古茶小镇。

行驶路线

由双江县城出发，途径勐库镇、忙那村，到达勐库神农祠，路程约

29千米，车程约40分钟；

由勐库神农祠出发到达冰岛旅游特色村，路程21千米，车程约50分钟；

由冰岛旅游特色村出发到达冰岛湖，路程10千米，车程约30分钟；

由冰岛湖出发到达公弄布朗族风情村，路程20千米，车程约50分钟；

由公弄布朗族风情村出发到达勐库滇濮古茶小镇，路程9千米，车程约20分钟。

2. 民族风情游·探奇之旅

双江县城—千福旅游特色村—忙乐四组布朗族风情村—东等佤族特色村—景亢傣族风情村—忙品拉祜族风情村

行驶路线

忙乐四组位于双江县城南，距县城中心9千米，属勐勐镇，由双江县城出发约15分钟车程；

千福旅游特色村位于双江县城南，距县城中心8千米，属勐勐镇，由双江县城出发约15分钟车程。

东等佤族特色村位于县城西，距县城中心4千米，属沙河乡，由双江县城出发约10分钟车程；

景亢傣族风情村位于县城西，距县城中心5千米，属沙河乡，由双江县城出发约10分钟车程；

忙品拉祜族风情村位于县城东，距县城中心4千米，属勐勐镇，由双江县城出发约10分钟车程。

3. 森林生态游·休闲之旅

双江县城—彝家民族风情村—森立湖国际营地旅游度假区（大浪坝）—马鞍山景区—清平姊妹岛旅游景区

行驶路线

由双江县城出发，途径忙品村、忙建村，到达彝家民族风情村，路程约20千米，车程约1小时；

　　由彝家民族风情村出发，途径黄河垭口，到达森立湖国际营地旅游度假区（大浪坝），路程36千米，车程约1.5小时；

　　由森立湖国际营地旅游度假区出发，途径黄河垭口，到达马鞍山景区，车程约20分钟；

　　由马鞍山景区出发，到达清平姊妹岛旅游景区，路程5千米，车程约10分钟。

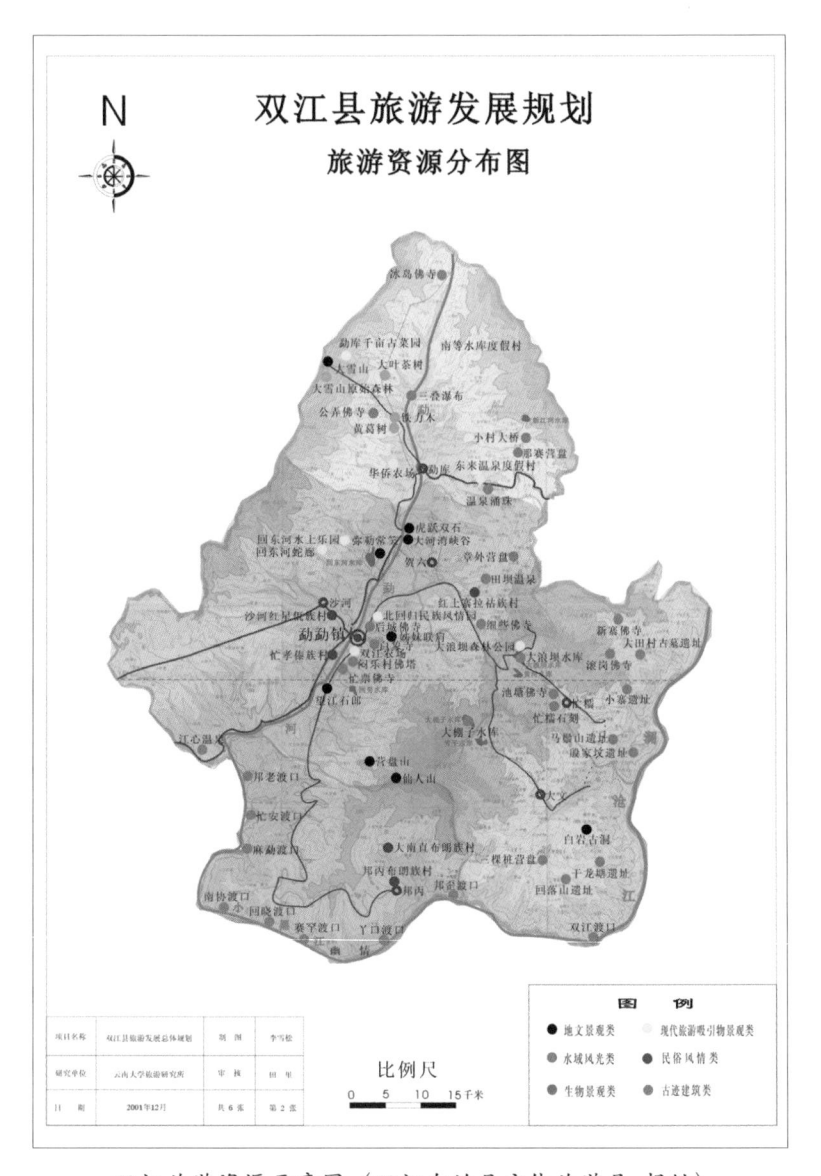

双江旅游资源示意图（双江自治县文体旅游局　提供）

（三）

节庆风俗

　　双江民族多样，各民族的节庆风俗相近，但各有特色。最隆重热闹的是春节、火把节和泼水节。其他传统节日还有拉祜族搭桥节、拉祜族芭蕉节、佤族拉木鼓节、佤族贡象节、佤族接新水节与取新火节、傣族关门节和开门节等。此外，近几年兴起的冰岛茶会，也成为双江新的节庆。

1. 春节

　　春节是汉族的传统节日，时间为每年的农历正月初一。在双江，不仅汉族过春节，其他各民族也过春节，并将其作为重要的节日。各民族过春节的风俗大同小异，大同部分与汉族春节类似，有些小差异则体现出了独特的民族特色与魅力。

　　拉祜族新年叫科尼哈尼，分为大年和小年。大年是女人过的年，小年是男人过的年。大年从正月初一到初四，小年从正月初五到十一。拉祜族新年是一年中最重要的节日。新年之前，要清洁洒扫，洗澡更衣，饮酒作乐，直到新年到来。佤族春节打歌、跳舞，唱调子，荡秋千，打陀螺，射弩，摔跤，青年男女相约成群上山谈情说爱，还在房前栽种松枝。布朗族过春节要停止生产，杀鸡宰猪，打秋千，打陀螺。傣族过春节有打秋千、丢沙包、打陀螺等娱乐活动。

2. 火把节

　　双江佤族和拉祜族过火把节，时间在农历六月二十四日。过节时各家各户在房前地中点上火把，祝祷神灵保佑出入平安。佤族火把节时在村寨广场中央燃烧一颗松明，围火鸣锣、打枪，老人喝水酒、唱调子，年轻男女手持火把相互嬉戏。人们还用火灰进行驱邪，以燃尽的火把吸引白蛾的多少来预测丰收。拉祜族过火把节时，全家吃的东西要由男子狩猎、采集。这一天又叫男人节。

3. 泼水节

泼水节是傣族的传统节日，又称桑刊节、插花节，是傣历新年。受傣族影响，双江布朗族也过泼水节。泼水节在傣历六月，公历4月15日左右，节庆活动10天，正式节日3天。节日期间，傣族要进行堆沙活动。新年第一天，到寺庙为去世的父母和祖先滴水，并请佛爷念经，悼念死去亲人。而整个节庆期间，青年男女们相互泼水，并表演民族歌舞。

泼水节（双江自治县文体旅游局／提供）

4. 冰岛茶会

冰岛茶会又称为勐库茶会，是2014年起由双江自治县政府组织的新型节庆活动。茶会时间在每年4月中旬。2016年，第三届冰岛茶会上安排了世界茶源探秘之

旅、茶会论坛、万人采茶，泼水节狂欢、原生态歌舞表演、高原特色农产品、民族手工艺品及普洱茶交易会等活动。

冰岛茶会（双江自治县农业局／提供）

（四）
特色饮食

在双江这样一个多民族地区，饮食文化也多姿多彩。过去，双江有"香汉家，酸摆夷"之说，而今"酸酸辣辣人人爱"，饮食自成一体，风韵独具。除了极具特色的民族茶饮之外，双江还有多种特色食物。

1. 布朗族茶餐

布朗族长期种茶，经营茶叶，男女老少都喜欢食茶饮茶，在公弄、邦协一带的

布朗族就保持着嫩茶叶拌豆腐下饭的习俗。布朗族有制作腌豆腐的传统，每年冬天，家家户户都要做够一家人食用一年的腌豆腐及其他酱菜。春回大地，茶树复苏，绿叶满枝，茶农踏露出山，披星归来，忙于采茶，顾不上回家吃饭时，就将从树上采下的鲜嫩茶叶和腌豆腐拌均匀，作为一道可口的下饭菜，食之苦中带辣，满口清爽，提神解乏，去火明目。人们称这道菜为"布朗族茶食套餐"。

茶餐（双江自治县农业局／提供）

酸笋老奶洋芋（双江自治县农业局／提供）

2．酸笋

以布朗族地区盛产的江竹笋为原料，每年七八月到十二月间挖回竹笋，去皮洗净后，加工成干笋或笋丝，腌制成酸笋，它是双江各民族都喜爱的食物。酸笋可以直接食用，也在烹调中作为辅料使用。

3. 鸡肉烂饭

将杀好的鸡烤黄，入水煮，放上酸笋、盐、辣椒、花椒煮熟，取出鸡，撕下肉，与葱、茴香、蒜苗、青辣椒、薄荷、洗好的米和阿佤芫荽一起下锅，盖好锅盖，焖熟米，开盖用勺搅拌即成。鸡肉烂饭清香可口，易消化，营养丰富，是双江佤族、布朗族喜爱的食物。

鸡肉烂饭（双江自治县农业局／提供）

4. 鼠肉

田鼠肉是双江佤族、拉祜族和布朗族都喜爱的食物。佤族制作鼠肉干或鲜食，加入酸笋、花椒、辣椒等作料，煮沸后下米，加入生姜、蒜搅拌、煮熟，制成鼠肉稀饭。而拉祜族和布朗族则喜食烤鼠肉。

5. 绿豆菜

绿豆浸泡后煮沸，放猪脚或腊肉，煮熟后，放入酸腌菜，略煮，滗去一些汤至半干，再加入芫荽、葱、蒜，用小杵棒轻舂，放入盐和辣椒，搅拌即成。这道菜是佤族的特色菜。

6. 小黄散叶汤

冬春之交，佤族人采集小黄散叶（一种草药），捆把备用。食用时，将绿豆菜的汤入锅，臭豆豉粑和干辣椒用火灰捂黄，舂碎，放进汤里，再放酸笋，煮沸后，加入烤黄的小黄散叶煮一会儿就可食用。这道菜佤语称为"达丁别"，意为使人饭量增大的菜。

7. 阿嘎

阿嘎是一种拉祜族特色荞麦蒸糕。用上等荞麦加水反复揉搓成颗粒，再放入浸泡好的糯米，搅拌均匀，放在罐子里蒸。蒸熟后，嫩黄带绿，松软有弹性。阿嘎有糯米的清香，也有荞麦的苦凉，口感舒适，是拉祜族待客上品。

8. 剁生

以鸡肉或猪肋骨为原料，鸡肉剁碎，入锅煎干至发黄，加入青椒、葱、酸笋和蒜叶即成。猪肋骨则剁碎后拌上盐，用粽叶包成一个个小包放入罐中腌制。剁生是布朗族馈赠亲友的佳品。

9. 烧烤

双江各民族均喜爱烧烤，也善于烧烤。烧烤的食物取材广泛，家禽家畜，多种蔬菜，野味、野菜和菌类均可烧烤。烧烤可以独立成为餐食，也可在准备其他菜品时利用烧烤来提高食物的香气。烧烤有以火灰捂熟和明火烤熟的区别，也有两者兼用的烤法。烧烤通常配以青椒、花椒等作料，味道鲜香浓郁，开胃饱腹。

傣族菜（双江自治县文体旅游局／提供）

附录2 大事记

汉至元

汉元封二年（公元前109年），双江属益州郡，史有记载。

唐至宋代，布朗族、佤族在双江定居。

元代，约13世纪，拉祜族在双江定居。

明

明洪武元年（1368年），傣族先民罕甸率众进入勐库，建立领主政权。

明成化八年（1472年），勐谷（景东）土司联合耿马土司罕真发兵，征服南勐河东西两岸傣族聚落勐允养、勐景庄，建立勐勐土城，属耿马土司辖地，土官罕廷发。

明成化二十一年（1485年），罕廷发派勐库冰岛村傣民岩庄、散怕、尼怕、岩信等4人到悉博，引回茶籽，在冰岛培育成活150株茶树。

清

清乾隆十一年（1746年），改土归流，勐勐归缅宁厅管辖。

清乾隆二十五年（1760年），勐勐土司罕木庄发同顺宁（凤庆）土司联姻，送去勐库大叶种茶籽数百斤，作为赠礼。

清乾隆五十八年（1793年），勐库大叶茶首次作为贡品，乾隆三次将其作为国礼赠送英国国王。

"中华民国"

"民国"二年（1913年），缅宁厅改县，设四排山县佐公署于那塞营盘，设上改心县佐公署于忙糯。

"民国"十一年（1922年），勐勐土司统治终结。

"民国"十二年（1923年），保山人封维德购勐库茶种百驮，运至腾冲县罕龙、蒲窝两地种植。

"民国"十九年（1930年），四排山、上改心及勐勐土司地正式并为双江县，县城设于勐勐，隶属保山专区。

"民国"二十六年（1937年），勐库大叶茶年产万担，销往下关、昆明、四川、西藏等地。

中华人民共和国

1950年12月3日，双江县人民政府成立。县人民政府把发展茶叶生产作为恢复生产的主要工作来抓。

1952年6月，建立中国茶叶公司勐库茶叶收购小组；8月，双江县由保山专区改隶缅宁专区（临沧）。

1953年12月，云南省茶叶公司在双江设勐勐、邦木收购组。

1956年11月，外贸部、农业部确定在双江改制红茶，县人民政府成立红茶推广大队，县长王俊生任队长。茶叶推广大队和县政府建设科合署办公。聘入江西、安徽、凤庆制红茶师傅40多人，建立红茶初制所11个，当年生产红茶120吨。11月实行交售茶叶奖励粮票（自制地方粮票）的政策。

1957年10月，茶叶统一工商税，收购茶叶的单位按收茶金额的40%计征。

1958年2月，在勐库举行茶叶种植、采摘技术训练班；12月，双江县、临沧县合并，成立临双县；广西、广东等地到双江引种勐库大种茶。同年，红茶收购样品由四级十二等改为五级十八等。青茶收购样品，由春、夏、秋茶季15个花色等级改为五级十等全年通用的茶样。

1959年，临双县分设，恢复双江县、临沧县建制。10月，临沧专员公署在勐库建立"临沧专员公署勐库茶叶科学研究所"，分配茶叶中专生6人，本科生1人。10月，外贸部拨款10万元，扶持双江茶叶初制所和发展新茶园。

1960年7月，撤销双江茶叶站，成立县茶叶局。

1961年5月4日至15日，全县分片召开社员代表大会，落实农村自留地，允许社员在自留地中种植茶叶。5月，勐库茶叶研究所从勐库农场划拨土地10亩，首次种植等高茶园。

1962年5月，实行茶叶奖售粮政策，每交售50千克干毛茶奖粮食12.5千克，交售级外红茶50千克奖粮食5千克。

1963年，叶初制所试生产红碎茶和烘青茶。

1970年4月，取消执行了15年的茶叶奖售粮政策。

1972年，周恩来总理与英国伊丽莎白女王的会晤中，女王钦点5吨勐库红茶。

1975年12月，双江县茶厂建成投产。

1979年7月，撤销地方国营勐库农场，建立地方国营勐库华侨农场，同时建立华侨农场茶叶精制加工厂。

1981年6月，"云南省茶树品种资源征集考察组"到双江冰岛考察，建议并执行将鲜叶评级计分分配改为鲜叶买卖关系，使鲜叶直接成为商品。

1984年，勐库大叶茶被全国茶树良种审定委员会审定为首批国家茶树良种，被誉为云南大叶种茶之正宗。

1985年12月，成立双江拉祜族佤族布朗族傣族自治县。

1987年2月，双江县人民政府发出建立丰产茶园的通知，决定建立勐库邦章、忙糯滚岗和邦丙南协三片高产茶园。8月，勐库邦章茶园成为云南省农业综合技术试验示范区。

1989年，双江农场荣获农牧渔业部颁发的全国农牧渔业（茶叶）三等奖及云南省农垦茶园大面积丰收项目第五名。

1993年，勐库镇邦读村农民戎加升，在勐库建立初精制合一的勐库茶叶配置厂，为双江第一家农民办的精制茶叶加工企业。

1995年6月，双江县人民政府发出通知，将勐库茶叶综合示范区邦章茶叶初制所改扩建为"云南省双江勐勐茶厂"，为县国有企业。

1996年8月，双江茶厂产品在蒙古人民共和国、俄罗斯"国际精品批发中心"销售，被蒙古人民共和国国际商务合作基金会和蒙古人民共和国、俄罗斯"国际精品批发中心"评为国际精品；勐库茶叶制品有限公司从印度引进的CTC红碎茶生产线安装成功并试生产。

1997年3月，勐库公弄村村民张正云在公弄后山大雪山采药时，发现大面积野生茶林。8月，公弄村唐于进在野生茶林内发现基径3.25米

的野生大茶树。

2001年，县茶办加强生态茶园建设工程。

2002年，云南临沧勐库茶叶制品有限责任公司生产的红茶通过ISO9001：2000国际质量体系认证。6月，双江勐库茶叶有限责任公司生产的"宫廷普洱"和"特级普洱茶"，在中国普洱茶国际学术研讨会上双获金奖。

2002年12月，中国农业科学院茶叶研究所、中国科学院昆明植物研究所、云南省农业科学院茶叶研究所、云南农业大学、昆明理工大学、云南茶叶协会、云南省临沧地区茶叶协会等单位专家组成野生古茶树考察组，对双江自治县勐库野生古茶树进行现场考察。

2003年2月，云南双江勐库茶叶有限责任公司生产的"陈香"系列普洱茶，被中国农业部茶叶质量监督检验测试中心定为重点服务企业。9月至12月全县农村进行税费改革，为减轻农民负担，茶叶农特税税率由原来的7%改为5%，后又取消。

2005年，双江勐库茶叶有限责任公司开发的"勐库"牌入选云南省著名商标，成为云南省的15件著名商标之一。

2007年，双江双龙古茶园茶厂开发的"勐康"牌获得云南省著名商标称号。双江勐库茶叶有限责任公司开发的"勐库"牌入选云南省名牌产品；同年，戎氏（勐库亥公）有机茶园被联合国粮农组织选定为"有机茶生产发展与贸易"项目示范基地。

2008年1月，双江勐库茶叶有限责任公司被农业部认定为农业产业化国家重点龙头企业。

2012年12月，双江勐库茶叶有限责任公司开发的"勐库"牌入选中国驰名商标。

2014年，双江县人民政府发布《双江自治县关于加快生态茶园建设的意见》；同年，双江自治县启动勐库古茶园与茶文化系统申报中国重要农业文化遗产项目，并制定《勐库古茶园与茶文化系统保护与发展规划》。

2014年4月，由勐库大叶茶商会在双江主办中国首届勐库（冰岛）茶会。

2015年10月，农业部认定双江勐库古茶园与茶文化系统为第三批中国重要农业文化遗产。

2015年11月，农业部准予登记勐库大叶种茶农产品地理标志，并颁发农产品地理标志登记证书。

附录3 全球/中国重要农业文化遗产名录

1. 全球重要农业文化遗产

2002年，联合国粮农组织（FAO）发起了全球重要农业文化遗产（Globally Important Agricultural Heritage Systems, GIAHS）保护项目，旨在建立全球重要农业文化遗产及其有关的景观、生物多样性、知识和文化保护体系，并在世界范围内得到认可与保护，使之成为可持续管理的基础。

按照FAO的定义，GIAHS是"农村与其所处环境长期协同进化和动态适应下所形成的独特的土地利用系统和农业景观，这些系统与景观具有丰富的生物多样性，而且可以满足当地社会经济与文化发展的需要，有利于促进区域可持续发展"。

截至2017年3月底，全球共有16个国家的37项传统农业系统被列入GIAHS名录，其中11项在中国。

全球重要农业文化遗产（37项）

序号	区域	国家	系统名称	FAO批准年份
1	亚洲	中国	中国浙江青田稻鱼共生系统 Qingtian Rice-Fish Culture System, China	2005
2			中国云南红河哈尼稻作梯田系统 Honghe Hani Rice Terraces System, China	2010
3			中国江西万年稻作文化系统 Wannian Traditional Rice Culture System, China	2010

续表

序号	区域	国家	系统名称	FAO批准年份
4	亚洲	中国	中国贵州从江侗乡稻-鱼-鸭系统 Congjiang Dong's Rice–Fish–Duck System, China	2011
5			中国云南普洱古茶园与茶文化系统 Pu'er Traditional Tea Agrosystem, China	2012
6			中国内蒙古敖汉旱作农业系统 Aohan Dryland Farming System, China	2012
7			中国河北宣化城市传统葡萄园 Urban Agricultural Heritage of Xuanhua Grape Gardens, China	2013
8			中国浙江绍兴会稽山古香榧群 Shaoxing Kuaijishan Ancient Chinese *Torreya*, China	2013
9			中国陕西佳县古枣园 Jiaxian Traditional Chinese Date Gardens, China	2014
10			中国福建福州茉莉花与茶文化系统 Fuzhou Jasmine and Tea Culture System, China	2014
11			中国江苏兴化垛田传统农业系统 Xinghua Duotian Agrosystem, China	2014
12		菲律宾	菲律宾伊富高稻作梯田系统 Ifugao Rice Terraces, Philippines	2005
13		印度	印度藏红花农业系统 Saffron Heritage of Kashmir, India	2011
14			印度科拉普特传统农业系统 Traditional Agriculture Systems, India	2012
15			印度喀拉拉邦库塔纳德海平面下农耕文化系统 Kuttanad Below Sea Level Farming System, India	2013

序号	区域	国家	系统名称	FAO批准年份
16	亚洲	日本	日本能登半岛山地与沿海乡村景观 Noto's Satoyama and Satoumi, Japan	2011
17			日本佐渡岛稻田-朱鹮共生系统 Sado's Satoyama in Harmony with Japanese Crested Ibis, Japan	2011
18			日本静冈传统茶-草复合系统 Traditional Tea-Grass Integrated System in Shizuoka, Japan	2013
19			日本大分国东半岛林-农-渔复合系统 Kunisaki Peninsula Usa Integrated Forestry, Agriculture and Fisheries System, Japan	2013
20			日本熊本阿苏可持续草地农业系统 Managing Aso Grasslands for Sustainable Agriculture, Japan	2013
21			日本岐阜长良川流域渔业系统 The Ayu of Nagara River System, Japan	2015
22			日本宫崎山地农林复合系统 Takachihogo-Shiibayama Mountainous Agriculture and Forestry System, Japan	2015
23			日本和歌山青梅种植系统 Minabe-Tanabe Ume System, Japan	2015
24		韩国	韩国济州岛石墙农业系统 Jeju Batdam Agricultural System, Korea	2014
25			韩国青山岛板石梯田农作系统 Traditional Gudeuljang Irrigated Rice Terraces in Cheongsando, Korea	2014
26		伊朗	伊朗喀山坎儿井灌溉系统 Qanat Irrigated Agricultural Heritage Systems of Kashan, Iran	2014

续表

序号	区域	国家	系统名称	FAO批准年份
27	亚洲	阿联酋	阿联酋艾尔与里瓦绿洲传统椰枣种植系统 Al Ain and Liwa Historical Date Palm Oases, the United Arab Emirates	2015
28		孟加拉	孟加拉国浮田农作系统 Floating Garden Agricultural System, Bangladesh	2015
29	非洲	阿尔及利亚	阿尔及利亚埃尔韦德绿洲农业系统 Ghout System, Algeria	2005
30		突尼斯	突尼斯加法萨绿洲农业系统 Gafsa Oases, Tunisia	2005
31		肯尼亚	肯尼亚马赛草原游牧系统 Oldonyonokie/Olkeri Maasai Pastoralist Heritage Site, Kenya	2008
32		坦桑尼亚	坦桑尼亚马赛游牧系统 Engaresero Maasai Pastoralist Heritage Area, Tanzania	2008
33			坦桑尼亚基哈巴农林复合系统 Shimbwe Juu Kihamba Agro-forestry Heritage Site, Tanzania	2008
34		摩洛哥	摩洛哥阿特拉斯山脉绿洲农业系统 Oases System in Atlas Mountains, Morocco	2011
35		埃及	埃及锡瓦绿洲椰枣生产系统 Dates Production System in Siwa Oasis, Egypt	2016
36	南美洲	秘鲁	秘鲁安第斯高原农业系统 Andean Agriculture, Peru	2005
37		智利	智利智鲁岛屿农业系统 Chiloé Agriculture, Chile	2005

2. 中国重要农业文化遗产

我国有着悠久灿烂的农耕文化历史，加上不同地区自然与人文的巨大差异，创造了种类繁多、特色明显、经济与生态价值高度统一的重要农业文化遗产。这些都是我国劳动人民凭借独特而多样的自然条件和他们的勤劳与智慧，创造出的农业文化的典范，蕴含着天人合一的哲学思想，具有较高的历史文化价值。农业部于2012年开始中国重要农业文化遗产发掘工作，旨在加强我国重要农业文化遗产的挖掘、保护、传承和利用，从而使中国成为世界上第一个开展国家级农业文化遗产评选与保护的国家。

中国重要农业文化遗产是指"人类与其所处环境长期协同发展中，创造并传承至今的独特的农业生产系统，这些系统具有丰富的农业生物多样性、传统知识与技术体系和独特的生态与文化景观等，对我国农业文化传承、农业可持续发展和农业功能拓展具有重要的科学价值和实践意义。"

截至2017年3月底，全国共有62个传统农业系统被认定为中国重要农业文化遗产。

中国重要农业文化遗产（62项）

序号	省份	系统名称	农业部批准年份
1	北京	北京平谷四座楼麻核桃生产系统	2015
2		北京京西稻作文化系统	2015
3	天津	天津滨海崔庄古冬枣园	2014
4	河北	河北宣化城市传统葡萄园	2013
5		河北宽城传统板栗栽培系统	2014
6		河北涉县旱作梯田系统	2014
7	内蒙古	内蒙古敖汉旱作农业系统	2013
8		内蒙古阿鲁科尔沁草原游牧系统	2014
9	辽宁	辽宁鞍山南果梨栽培系统	2013
10		辽宁宽甸柱参传统栽培体系	2013
11		辽宁桓仁京租稻栽培系统	2015

续表

序号	省份	系统名称	农业部批准年份
12	吉林	吉林延边苹果梨栽培系统	2015
13	黑龙江	黑龙江抚远赫哲族鱼文化系统	2015
14		黑龙江宁安响水稻作文化系统	2015
15	江苏	江苏兴化垛田传统农业系统	2013
16		江苏泰兴银杏栽培系统	2015
17	浙江	浙江青田稻鱼共生系统	2013
18		浙江绍兴会稽山古香榧群	2013
19		浙江杭州西湖龙井茶文化系统	2014
20		浙江湖州桑基鱼塘系统	2014
21		浙江庆元香菇文化系统	2014
22		浙江仙居杨梅栽培系统	2015
23		浙江云和梯田农业系统	2015
24	安徽	安徽寿县芍陂（安丰塘）及灌区农业系统	2015
25		安徽休宁山泉流水养鱼系统	2015
26	福建	福建福州茉莉花与茶文化系统	2013
27		福建尤溪联合梯田	2013
28		福建安溪铁观音茶文化系统	2014
29	江西	江西万年稻作文化系统	2013
30		江西崇义客家梯田系统	2014
31	山东	山东夏津黄河故道古桑树群	2014
32		山东枣庄古枣林	2015
33		山东乐陵枣林复合系统	2015
34	河南	河南灵宝川塬古枣林	2015
35	湖北	湖北赤壁羊楼洞砖茶文化系统	2014
36		湖北恩施玉露茶文化系统	2015

续表

序号	省份	系统名称	农业部批准年份
37	湖南	湖南新化紫鹊界梯田	2013
38		湖南新晃侗藏红米种植系统	2014
39	广东	广东潮安凤凰单丛茶文化系统	2014
40	广西	广西龙胜龙脊梯田系统	2014
41		广西隆安壮族"那文化"稻作文化系统	2015
42	四川	四川江油辛夷花传统栽培体系	2014
43		四川苍溪雪梨栽培系统	2015
44		四川美姑苦荞栽培系统	2015
45	贵州	贵州从江侗乡稻−鱼−鸭系统	2013
46		贵州花溪古茶树与茶文化系统	2015
47	云南	云南红河哈尼稻作梯田系统	2013
48		云南普洱古茶园与茶文化系统	2013
49		云南漾濞核桃−作物复合系统	2013
50		云南广南八宝稻作生态系统	2014
51		云南剑川稻麦复种系统	2014
52		云南双江勐库古茶园与茶文化系统	2015
53	陕西	陕西佳县古枣园	2013
54	甘肃	甘肃皋兰什川古梨园	2013
55		甘肃迭部扎尕那农林牧复合系统	2013
56		甘肃岷县当归种植系统	2014
57		甘肃永登苦水玫瑰农作系统	2015
58	宁夏	宁夏灵武长枣种植系统	2014
59		宁夏中宁枸杞种植系统	2015
60	新疆	新疆吐鲁番坎儿井农业系统	2013
61		新疆哈密哈密瓜栽培与贡瓜文化系统	2014
62		新疆奇台旱作农业系统	2015